これからの
土壌汚染対策の
あり方

Kogure Keiji
木暮敬二 =著

鹿島出版会

はじめに

　わが国の土壌汚染対策は「土壌汚染対策法」に基づいて実施されています。この法律は 2003 年 2 月に初めて施行され、2010 年 4 月に大幅に改正されました。法施行にさかのぼること約 50 年、1960 年代から、化学物質による環境汚染が顕在化し、社会問題に浮上してきました。それ以来、環境リスクの低減に向けた課題の 1 つとして、化学物質の環境リスクについて、科学的知見と国民の感覚の間に大きなギャップのあることが指摘されてきました。今でもそのギャップは埋められていません。このことが典型的に現れている例が土壌汚染問題です。

　呼吸を通してヒトの体内に入る大気中の汚染物質と異なり、土壌中のそれはヒトへの暴露を防ぐことが可能です。法においても、原則として求められるリスク低減措置の原理は「暴露の防止」で、「汚染の除去」まで要求されることはほとんどありません。しかし実際には、非常に多くの汚染現場において、汚染の除去が行われてきました。これがコストの増大につながり、土壌汚染対策の進捗を阻害す要因の 1 つとなっています。

　2010 年の法改正の内容は多岐にわたっていますが、最大の眼目は、措置方法として多用されてきた汚染の除去から暴露の防止への転換を図ることにあったとされています。しか

し、汚染現場では相変わらず「ゼロリスク」とするための汚染の除去（なかでも掘削除去）が多用されています。このような状況となった第1の原因は、環境リスクが社会問題化して以来50年以上経過した現在においても、リスクを管理するという考え方が、国民のみならず関係者にも正しく理解されておらず、必要以上にリスクを恐れていることにあると考えられます。第2の原因は、リスク評価に基づく判断事項が抽象的であり、リスクの大きさが定量的に評価されていないことです。不確かなリスク情報は、人々の不安を助長することになると思います。さらに、わが国の土壌汚染の規制基準はリスク評価に基づいて決められていますが、諸外国の対応などを比較して考えると、それの活用の仕方が、今の対処の仕方でいいのだろうかという疑問も生まれてきます。

　土壌汚染への対処に限らず、現在のリスク社会において、いろいろな場面での議論や行動をより有効にするためには、「リスクに基づく意思決定」が重要となります。そのためには、リスクとは何か、その定量的評価をどう進めるか、その結果をどのように意思決定につなげるか、これらの問題を考えて理解しなければなりません。

　本書の目的の第1点は、リスクを定量的に評価する考え方と方法の基礎を理解することにあります。第2点は、土壌汚染のリスクを定量的に評価する方法をわかりやすく解説し、土壌汚染対策にかかわる関係者および国民に、土壌汚染のリスクとリスク管理という考え方を正しく理解してもらうことです。第3点は、定量的なリスク評価に基づいて、現場の汚染状況あるいは土地利用等を考慮した、合理的で経済的な汚

染措置を講じるための枠組を提示することです。このような事項が国民の間に広く理解され、実行されるようになると、汚染対策コストの低減につながり、対策の進捗を促進することになります。

　本書の内容と記述は、専門的な部分もありますが、読み物として興味のもてるようにまとめました。土壌汚染のリスク評価からリスクベースの対策までの広い範囲の問題を、浅学菲才を省みずに挑戦しました。ご叱正いただければ幸いです。

2015年7月

木暮　敬二

目　　次

はじめに …………………………………………………………… *iii*

第 1 章　化学物質と健康リスク …………………… *1*

1.1　ヒトと化学物質 ……………………………………… *1*
　　地球上の化学物質 ……………………………………… *1*
　　化学物質の有効利用 …………………………………… *2*

1.2　化学物質の健康リスク ……………………………… *4*
　　健康リスクの発生源 …………………………………… *4*
　　健康リスクの大きさ …………………………………… *5*
　　健康リスクの評価 ……………………………………… *6*

1.3　シナリオの設定 ……………………………………… *7*
　　シナリオの枠組 ………………………………………… *7*
　　化学物質の毒性 ………………………………………… *9*
　　暴露経路 ………………………………………………… *9*

1.4　毒性の評価 ………………………………………… *12*
　　閾値ありの用量－反応関係 ………………………… *12*
　　閾値なしの用量－反応関係 ………………………… *16*

1.5　暴露の評価 ………………………………………… *17*
　　吸入暴露量の推定 …………………………………… *18*
　　経口暴露量の推定 …………………………………… *19*

1.6 リスクの評価と管理 ……… 21
非発がん物質の確定的リスク評価 ……… 21
発がん性物質の確率的リスク評価 ……… 22
リスクの管理 ……… 24

第2章　各国の土壌汚染対策 ……… 29

2.1 アメリカRAGS指針による土壌汚染対策の枠組 ……… 29
RAGS指針の枠組 ……… 30
土壌スクリーニング値 ……… 32
現況リスク評価 ……… 35
措置目標の設定と選択 ……… 37

2.2 アメリカRBCA指針による土壌汚染対策の枠組 ……… 38
階層アプローチ ……… 39
スクリーニングレベルの設定 ……… 43

2.3 オランダの土壌汚染対策の枠組 ……… 46
暫定土壌浄化法と土壌保全法 ……… 46
介入値と目標値 ……… 47
土壌保全法の再改正 ……… 49
標準的な措置 ……… 50

2.4 ドイツの土壌汚染対策の枠組 ……… 53
連邦土壌保全法 ……… 53
連邦土壌保全法での基準値 ……… 54
暴露経路の設定と基準値の設定 ……… 56

2.5 イギリスの土壌汚染対策の枠組 ……… 58
汚染土地報告書 ……… 58

土壌ガイドライン値 60
2.6 **わが国の土壌汚染対策の枠組** 62
　　　土壌汚染対策法の概要 62
　　　指定基準の設定 66
　　　指示措置 70
　　　土壌汚染対策法の特徴 73

第3章　リスク評価モデル 77

3.1 リスク評価モデル 77
　　　暴露評価モデルの種類 77
　　　暴露評価モデルに必要なパラメータ 80

3.2 リスク評価モデルのいろいろ 81
　　　アメリカ RBCA のリスク評価モデル 81
　　　オランダ CSOIL のリスク評価モデル 84
　　　イギリス CLEA のリスク評価モデル 88
　　　産総研の GERAS モデル 91
　　　暴露評価モデルの比較 94

第4章　これからの土壌汚染対策のあり方 97

4.1 基本的な考え方 97
　　　合理的な土壌汚染対策の必要性 97
　　　リスク評価の活用 99
　　　CSCS の提案 100

4.2 データの収集 101

   暴露に関するデータの収集 ……………………… *101*
   汚染物質の毒性に関するデータの収集 …………… *101*
 4.3 **現況リスク評価** ……………………………………… *102*
   一次現況リスク評価（一次評価）………………… *102*
   二次現況リスク評価（二次評価）………………… *104*
   リスク評価モデル ………………………………… *105*
 4.4 **措置目標の設定** ……………………………………… *107*
   非発がん物質の経口摂取での措置目標 …………… *107*
   発がん性物質の吸入摂取での措置目標 …………… *108*
 4.5 **措置方法の選定** ……………………………………… *110*
   措置方法選定における考慮事項 …………………… *110*
   措置方法の種類 …………………………………… *110*
   措置効果の維持管理 ……………………………… *112*

おわりに ……………………………………………………… *113*
参考文献・資料 ……………………………………………… *121*
索　　引 ……………………………………………………… *127*

第 1 章
化学物質と健康リスク

1.1 ヒトと化学物質

地球上の化学物質

アメリカ化学会は、地球上の化学物質の数は約 3,000 万種、そのうち工業的に生産されているものは約 10 万種、世界で年間に 1,000 トン以上工業的に生産されている化学物質は約 5,000 種と報告しています。工業的に生産される約 10 万種の化学物質は世界の市場に流通しています。わが国でも、工業的に生産され、市場に流通している化学物質は約 5 万種といわれています。

私たちは、化学物質のもつ役に立つ性質を利用することで、生活を便利で豊かにしてきました。しかし、化学物質は害になる性質（毒性、有害性、危険性など）をもっています。しかし、多くの化学物質を単純に無害なものと有害なものに区別することはできません。少量でも強い毒性をもっているものもありますが、毒性が生じるか否かは、ほとんどの場合、体内に取り込んだ化学物質の量に関係します。たとえば、私たちが日常的に用いる食塩は、ヒトや動物にとって、身体を健康に保つために欠くことのできない必須のミネラル

の1つです。しかし、そんな食塩でも、取りすぎると高血圧などを引き起こします。だからといって、食塩は有害といえないのはもちろんです。

化学物質の特性を上手に活かして利用するためには、健康にとって害になる性質のあることを知らなければなりません。毒性にはいろいろな種類があります。たとえば、毒性が現れるまでの時間から考えると、急性毒性と慢性毒性に、また、発生する病気の種類から、一般毒性と特殊毒性とに分けられます。このように、いろいろな毒性がありますが、化学物質が体内に入らなければ、障害を起こしたり病気になることはまずありません。化学物質が身体に入ることで初めて影響が出ます。化学物質は、口から食べたり飲んだり、呼吸で鼻や口から吸い込んだりすることによって、私たちの体の中に入ってきます。ものによっては皮膚から浸入することもあります。

化学物質の有効利用

無数の化学物質が市場に出回っている現代においては、化学物質の良い点を活用し、悪い点は極力抑えて、うまく利用することが肝要です。化学物質への対処の仕方には基本的には次の3つの方法が考えられます[1]。

(1) 使用を禁止する

最も簡単で確実な方法は毒性のある化学物質を使用しないことです。日本有数の食品事故の1つとされるカネミ油症事件の原因物質である PCB（ポリ塩化ビフェニル）は、毒性が強いことから、現在、製造と輸入は原則禁止され、事業者

の保管する PCB の廃棄処理が決められています。これ以外にも、強い毒性をもつ化学物質は多数ありますが、完全に使用が禁止されているわけではありません。

　毒性（有害性、危険性）のことをハザード（hazard）といいます。毒性が強いから使用を禁止するというような規制の仕方を「ハザード管理」あるいは「ハザード規制」と呼び、この部類の法律の1つが「毒物及び劇物取締法」です。この法律において、毒物、劇物、特定毒物が政令で指定され、これらは、登録された者でなければ、製造、輸入、貯蔵、運搬、販売などを行うことが禁止されています。

(2) 使用量を制限する

　第2の対処方法は、安全な領域つまり使用量を制限して用いることです。これは最も普通の方法です。薬が副作用を伴うことはよく知られています。だからといって、薬の服用をやめれば病気は治りません。できるだけ副作用の出ない領域で使うことになります。使用量について安全と危険の境界があり、安全領域で使っていくわけです。

　使用量を制限するという考え方をとる場合の有害性や危険性の判断、すなわち、健康リスクの有無の判定に用いられるリスクの指標（物差し）にハザード比（HQ：Hazard Quotient）と暴露マージン（MOE：Margin of Exposure）がありますが、両者の考え方は同じです。本書においては、一般的に使われているハザード比（HQ）を用いてリスクの判定を行います。ハザード比（HQ）のように、「リスクあり・なし」と判定するリスクを「確定的リスク」といいます。

(3) リスクを比較して対処する

　第3の対処方法は発がん性物質などに対する考え方です。発がん性物質の多くは閾値（いきち、しきいち）がなく、暴露量（摂取量）がどんなに少なくても発症率（がんにかかる割合）がゼロになりません。つまり安全領域のない物質（閾値のない物質）です。ごく微量の暴露量でも発症率がゼロではないので、確定的リスクの考え方からすれば、どんなに少量でも危険、つまり使ってはならないことになります。100万分の1というような、極めて低い病気の発症率を問題にするような場合、発症率や危険度を数値化して管理しようという方法が「確率的リスク」です。発症や危険の割合（確率）を表す数値をリスク（risk）といいます。がんについていえば発がんリスクとなり、これは、がんにかかる割合で、割合は確率であり、割合と確率とは数値は同じです[2]。

1.2　化学物質の健康リスク

健康リスクの発生源

　リスクという言葉の定義については分野によっていろいろありますが、一般的な概念としては「何らかの望ましくないことが起こる可能性」ということができます。環境汚染の原因となる化学物質による健康リスクが発生する場合をまとめたのが**図1.1**です。

第 1 章 化学物質と健康リスク　5

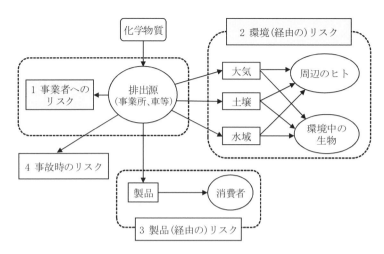

図 1.1　化学物質のリスクの発生 [3]

健康リスクの大きさ

化学物質によるリスクの大きさは、化学物質の毒性（有害性）と暴露量（摂取量）によって決まります。その概念を図1.2 に示します。毒性はその化学物質が固有にもっている特性です。暴露はさらされることを意味し、吸ったり食べたり触れたりすることの総称です。

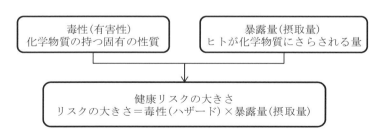

図 1.2　ヒトの健康リスクの大きさ

わが国では、ハザードもリスクも、有害性あるいは危険性などと訳されることが多いのですが、ハザードとリスクははっきり区別すべきです。リスクは、化学物質の毒性だけでなく、化学物質の暴露量も考慮したものです。ハザードがあっても、それがヒトに暴露しなければ、リスクはゼロで安全です。

健康リスクの評価

化学物質のリスク評価の流れを図 1.3 に示します。シナリオの設定は、どの化学物質が、どのような道筋をたどって、何に影響を与えるか、を想定することです。毒性の評価では、対象化学物質のどのような影響がどのくらいの暴露量で生じるかを調べて、ヒトに対して有害な影響を与えない量、つまり安全量である耐容 1 日摂取量（TDI：Tolerable Daily Intake）などの有害性の基準値（指標）を信頼できる既存の研究資料などから求めます。

暴露の評価では、シナリオに基づいて、化学物質が、影響を受ける対象（受容体）へ至る暴露量を推定します。暴露量の推定には実測値を用いる方法と数理モデルを用いる方法があります。リスクの判定は、毒性評価から得られた毒性の基準値と暴露評価で得られた推定暴露量を比較してリスクの有無を判定します。

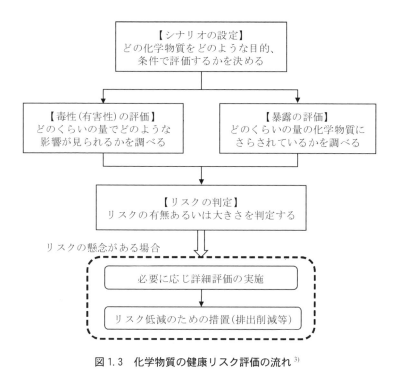

図 1.3 化学物質の健康リスク評価の流れ[3]

1.3 シナリオの設定

シナリオの枠組

(1) シナリオとは

シナリオは暴露シナリオともいいます。これは、どのような化学物質が、どこで排出され、どのような経路をたどって、ヒトに影響を与えるかなどを想定することです[4]。シナリオ設定の第一歩は、対象化学物質を決定し、どういう状況

についてリスクを評価するのかを決めることが出発点となります。たとえば、「想定するシナリオでは、自動車から排出されたベンゼンを、少量ながら長期間にわたって吸入暴露するから、慢性毒性影響の発がんリスクを評価すべきだ」とか、「このシナリオでは、事故に伴う漏えいによる一過性の暴露だから、急性毒性影響のリスクを評価すべきだ」などと判断します。

(2) シナリオの枠組

シナリオを設定する枠組は、化学物質を扱う特定の事業所や汚染現場近辺に限定した問題なのか、広く国民全般の状況を評価し、公衆の健康保全に資する施策を検討するための評価なのかなど、リスク評価を行う目的によって変わってきます。次の3点から大枠を考えるとわかりやすいでしょう。

① 誰が実施するのか（国、地方自治体、企業・事業者）
② 何のために実施するのか（排出規制、リスク管理、自主管理、法令遵守）
③ どこまで詳しく実施するのか（範囲、誰のため、結果の利用方法）

たとえば、国あるいは地方自治体などの行政が、国民や地域住民の健康保全のために必要なことを検討するためのリスク評価であれば、懸念される物質について、全国的あるいは地域レベルの全般的な状況から始めて、具体的なリスク管理の行動に結びつけられる詳しさまで、段階を踏んで評価する必要があります。

化学物質を扱う事業者や土壌汚染対策であれば、事業活動や土壌汚染に伴う化学物質の排出や流出が、周囲の環境に影

響を与えているかどうかを知ることが主体となり、周辺地域の住民等についてのリスク評価を実施することになります。範囲は限られますが、それだけに、化学物質の挙動を支配する、その地域特有の気象条件や地形・地質の様子などを詳しく把握する必要があります。

化学物質の毒性

　環境中に排出されている多くの化学物質のリスクを一度に評価することはできず、優先的に実施すべき化学物質を選定しなければなりません。化学物質の選定にあたっては、「毒性が強そうで、かつ暴露量が多そうな化学物質」から優先的にリスク評価を実施するのが普通です。

　個々の化学物質の毒性のレベルは化学物質安全性データシート（MSDS：Material Safety Data Sheet）など、入手しやすい情報から得ることができます[5]。MSDS は、化学物質や化学物質が含まれる原材料などを安全に取り扱うために必要な情報を記載したもので、PRTR 制度（Pollutant Release and Transfer Register、化学物質排出移動量届出制度）の指定化学物質を指定の割合以上含有する製品を事業者間で譲渡・提供するときに、MSDS の提供が義務化されています[6]。

暴露経路

　暴露（exposure）とは、さらされることを意味し、吸ったり、食べたり、飲んだり、触れたりすることの総称です。リスク評価においては、化学物質とヒトとの接触つまり暴露の程度を予測することが非常に重要です。発生源から環境中に

放出された化学物質が受容体(ヒト)と接触するまでには、概念的には**図 1.4**に示すような暴露経路が考えられます。暴露経路という言葉は、わが国では発生源から暴露する鼻、口、皮膚などの外部境界までの経路を指すのが一般的ですが、アメリカでは 2 つの使われ方があるようです。1 つは、発生源から外部境界までの経路で、もう 1 つは、暴露してから、肺の壁や消化管などの内部境界を通って、肝臓などの影響を受ける臓器までの経路を指している場合です。U.S.EPAでは、前者を Exposure Pathway といい、環境中における化学物質の挙動を示すもの、後者を Exposure Route といい、体内における挙動を示すものとしています。本書では、わが国の一般的な用い方に従って、前者と後者をまとめて暴露経路と呼んでいます。

　実際問題での暴露経路の検討においては、**図 1.4**に示すす

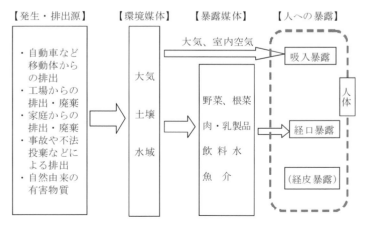

図 1.4　発生・排出からヒトに接触するまでの経路(暴露経路)

べての経路について考える必要はありません。考えている状況と化学物質を考慮して、いろいろな経路のうち、どれを対象にして評価するかを決めます。たとえば、大気経由の経路か、あるいは食物や飲料水経由の経路かなどです。暴露媒体からヒトの体内への暴露経路（摂取経路）には次の3つがあり、その概念を図1.5に示します。

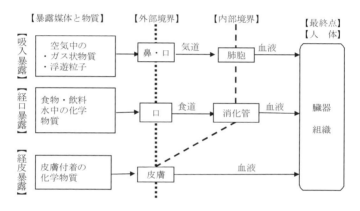

図1.5　化学物質の人体への侵入と体内移動経路

① 吸入摂取（吸入暴露）：大気（空気）を鼻や口から吸入する経路であり、化学物質は鼻と口から吸入された空気とともに肺胞に達し、そこから吸収されます。
② 経口摂取（経口暴露）：口から食物や飲料水を摂取する経路で、化学物質は消化管に輸送され、消化管から体内に吸収されます。
③ 経皮吸収（皮膚吸収）：皮膚を通して体内に吸収される経路です。わが国では、特別の場合以外には皮膚吸収

は考慮しません。

1.4 毒性の評価

　化学物質がヒトの健康に及ぼす影響は、暴露次第だという意味で、毒性学の教科書には、「毒でないものがあるだろうか？ すべてのものが毒になりうる。毒かそうでないかは量によって決まる」という格言があるそうです。毒性評価とは、化学物質がヒトに与える影響の「量依存性」をはっきりさせることです。量依存性の基本が化学物質の「用量－反応関係」です。用量－反応関係の検討にあたっては、有害影響の発現の仕方によって次の2つに分けて考えます[6]。
　①　閾値ありの用量－反応関係：非発がん物質
　②　閾値なしの用量－反応関係：発がん性物質

閾値ありの用量－反応関係
(1)　無毒性量（NOAEL）
　動物試験等で求められた、動物に対して、この値以下で一生涯、毎日摂取（暴露）しても、病気などの悪い影響の出ない量を無毒性量（NOAEL：No Observed Adverse Effect Level）といいます。実際には、一定期間マウスやラット等に強制的に化学物質を与える試験を、何段階かに量を変えて行い、その結果、悪い影響の認められなかった最大の投与量です。その概念を**図1.6**に示します。
　個々での説明は省略しますが、無毒性量（NOAEL）に関連する用語として次のようなものがあります。

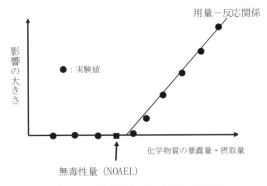

図 1.6 **無毒性量（NOAEL）の概念**

① 最小毒性量
  （LOAEL：Lowest Observed Adverse Effect Level）
② 無影響濃度
  （NOEC：No Observed Effect Concentration）
③ 最小影響濃度
  （LOEC：Lowest Observed Effect Concentration）

(2) 耐容1日摂取量（TDI）

ヒトに対する、この量以下では一生涯、毎日摂取（暴露）しても、病気などの悪い影響が出ない量を耐容1日摂取量（TDI：Tolerable Daily Intake）といいます。実際には、動物実験等で求められた無毒性量（NOAEL）を不確実性係数積（UFs）で割ってヒトへの無毒性量に変換したものです。その概念を図 1.7 に示します。通常、1日当たり、体重 1kg 当たりの化学物質の量で表します。

$$\mathrm{TDI} = \frac{\mathrm{NOAEL}}{\mathrm{UFs}} = \ (\mathrm{RfD}) \tag{1.1}$$

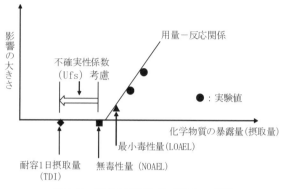

図1.7 耐容1日摂取量（TDI）の概念

ここに、TDI：耐容1日摂取量 [mg/kg/日]
　　　　RfD：参照用量 [mg/kg/日]
　　　　NOAEL：無毒性量 [mg/kg/日]
　　　　UFs：不確実性係数積 [－]。

　参照用量（RfD：Reference Dose）は、米国環境保護庁（EPA：Environmental Protection Agency）等で使われている用語で、わが国でもよく使われます。RfDの物理的な意味はTDIと同じです。また、TDIと同じ物理的意味をもつ量に許容1日摂取量（ADI：Acceptable Daily Intake）があります。

(3) 不確実性係数（UF）

　動物実験のデータには不確実な点が多く含まれます。また、ヒトと動物の違いによる不確実性もあります。そこで、その不確実さによりリスクが小さく見積もられることがないように、不確実性係数（UF：Uncertainty Factor）を導入し、より安全側に立った評価をするようにします。

　一般的には、動物とヒトの違いである種差（×10）と感受

性の違いである個人差（×10）を考慮した100を最小の値とします。そのうえ、動物実験の試験期間、信頼性等の項目別に不確実のものがあれば、さらに係数を追加します。複数の項目を考慮する場合は係数同士を掛け合わせ、これを不確実性係数積（UFs）として用います。この値が大きいほど、その有害性評価の信頼性が低いといえます。不確実性係数積（UFs）は次のような関係式で表されます。

UFs（不確実性係数積）
＝（種差）×（個人差）×（LOAELの使用）
×（試験期間）×（修正係数） (1.2)

式(1.2)において、最小毒性量（LOAEL）の使用とは、NOAELに代えてLOAELを使用したという意味です。一般的に使われている不確実性係数を**表1.1**に示します。

表1.1 一般的に用いられる不確実性係数

項　目	不確実性係数
種差	10：動物試験に基づく場合 1：ヒトのデータに基づく場合
個人差	10
LOAELの使用	10：LOAELからNOAELに換算している場合 1：NOAELを使用時
試験期間	10：1か月の試験期間 5：3か月の試験期間 2：6か月の試験期間 1：6か月以上の試験期間
修正係数	試験の種類、質等により評価者の判断で追加する係数。追加がなければ1を仮定します。

閾値なしの用量-反応関係

発がん性物質が遺伝子を攻撃してがん細胞を作る場合は、「物質の量がこれより少なければ発がんの可能性なし」ということがなく、どんなに少量でも発がんの可能性をもっていると考えられています。すなわち「閾値なし」です。それの概念を**図 1.8**に示します。

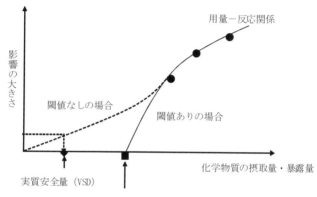

図 1.8　閾値なしの場合の用量-反応関係

毒性に閾値がない場合には無毒性量（NOAEL）や耐容 1 日摂取量（TDI）が存在しないため、リスク評価の方法も NOAEL のある場合と違うものになります。その場合の 1 つの方法として、**図 1.8** にも示すように、たとえば「10 万分の 1 の確率で発がんする量」を実質安全量（VSD：Virtually Safe Dose）として、リスク評価を行うやり方もあります。

閾値なしの場合には、実験値の外挿の出発点から原点に向けて直線を仮定し、その勾配をスロープ係数（SF：Slope

Factor）といいます。したがって、スロープ係数（SF）の単位は、摂取量の単位［mg/kg/日］の逆［(mg/kg/日)$^{-1}$］となります。SF は、1 日に体重 1kg 当たり、1mg の化学物質を生涯（70 年）にわたって摂取した場合に、その化学物質への暴露のみが原因で増加する発がんリスク（CR：Cancer Risk）を意味します。吸入暴露の場合は、図 1.8 の直線の勾配に相当する量を、吸入発がんのユニットリスク（UR：Unit Risk）いい、単位は濃度の単位［μg/m^3］の逆［(μg/m^3)$^{-1}$］となります。

スロープ係数（SF）およびユニットリスク（UR）は、発がん性の強さの基準値（指標）であり、「単位量（または単位濃度）を一生涯摂取（または吸入）した場合の CR（発がんリスク）」と定義できます。このリスクは確率で表され、確率は割合であり数値は同じです。特別に発がん性物質といわれる物質に暴露しなくても、遺伝的あるいは生活習慣などに起因してがんにかかる可能性が大きく、その確率（発がんリスク）は 30 数％とされています。ここで検討する CR（発がんリスク）は、この 30 数％にプラスされる発がんリスクのことであり、正確には「過剰発がんリスク」といえるものです。

1.5 暴露の評価

暴露の評価は、ヒトが対象化学物質をどのくらい摂取するかを推定することです。暴露評価はリスク評価のプロセスにおいて最も難しい作業ということができます。暴露評価にあ

たっては、暴露の量や期間などを実際に測定することが難しい場合が多いのですが、このようなときは、種々のモデルを使って計算して推定します。

吸入暴露量の推定

吸入暴露の場合、化学物質の空気中の濃度が対象となります。濃度を推定する方法には、実測値を用いる方法と排出量から数理モデルを用いて推定計算する方法とがあります[9),10)]。実測値を用いるにせよ、モデル計算値を用いるにせよ、「1年間以上を通してヒトが平均的に吸い込むと推定される濃度」を対象とします。ここでは、これを平均暴露濃度（AC：Average Concentration）と呼ぶことにします。吸入による暴露量の計算においては、選定された暴露経路について、化学物質ごとの暴露量を計算します。推定計算の基本的なパラメータは摂取媒体（土壌、水、空気）中の化学物質の媒体濃度（MC：Medium Concentration）で、摂取媒体の濃度の単位としては［mg/m^3、mg/kg、mg/L］などが用いられます。

(1) 非発がん物質の吸入暴露での平均暴露濃度

非発がん物質の平均暴露濃度（AC）は、摂取媒体である空気中の対象化学物質の濃度（MC）を用いて次式によって算定することができます。

$$AC = \frac{MC \times ED \times EF}{AT_n \times 365} \tag{1.3}$$

ここに、AC：推定平均暴露濃度　［mg/m^3］

MC：空気(摂取媒体)中の化学物質の濃度　［mg/m^3］

ED:暴露期間［年］

EF:暴露頻度［日/年］

AT_n:非発がん物質（対象化学物質）への暴露期間［年］

365:1年間の日数［日/年］

(2) 発がん物質の吸入暴露での生涯平均暴露濃度

　発がん物質については、平均暴露濃度（AC）に代えて、生涯平均暴露濃度（LAC：Life Average Concentration）が用いられ次式から計算できます。

$$\mathrm{LAC} = \frac{\mathrm{MC} \times \mathrm{ED} \times \mathrm{EF}}{\mathrm{AT_c} \times 365} \tag{1.4}$$

ここに、LAC:生涯平均暴露濃度［mg/m^3］

　　　　MC:空気（摂取媒体）中の化学物質の濃度［mg/m^3］

　　　　ED:暴露期間［年］

　　　　EF:暴露頻度［日/年］

　　　　AT_c:発がん性物質（対象化学物質）への暴露期間［年］（ヒトの寿命70年が用いられる）

　　　　365:1年間の日数［日/年］

経口暴露量の推定

　経口暴露（経口摂取）は、環境中へ排出された化学物質が、大気、土壌、水域などを経由して、農作物（米、野菜、果実など）、家畜（肉や乳製品）、魚介、飲料水などに移行し、これらの飲食物とともに化学物質が摂取される経路です（**図 1.4** 参照）。この場合の暴露量は、1日当たり、体重 1kg

当たりの化学物質の摂取量で表され、単位は［mg/kg/日］などとなります。経口暴露量の推定においては、選定された暴露経路について、化学物質ごとの暴露量を推定（計算）します。推定計算にあたって、最初に必要となるものは、摂取媒体（土壌、水、空気）中の化学物質の濃度（MC）です。摂取媒体の濃度の単位としては［mg/kg、mg/L、mg/m^3］などが用いられます。

経口暴露の指標として、非発がん物質に対しては平均1日摂取量（AI：Average Intake）が、発がん性物質に対しては生涯平均1日摂取量（LAI：Life Average Intake）が用いられます。

(1) 非発がん物質の経口暴露での平均1日摂取量

水の飲用を対象とすると、平均1日摂取量（AI）は、水（摂取媒体）中の対象化学物質の濃度（MC）に基づいて次式によって算定できます。

$$AI = \frac{MC \times IR \times ED \times EF}{BW \times AT_n \times 365} \tag{1.5}$$

ここに、AI：平均1日摂取量［mg/kg/日］

MC：水（摂取媒体）中の化学物質の濃度［mg/L］

IR：1日当たりの水摂取量［L/日］

ED：暴露期間［年］

EF：暴露頻度［日/年］

BW：体重［kg］

AT_n：非発がん物質の暴露期間［年］

365：1年間の日数［日/年］

(2) 発がん性物質の経口暴露での生涯平均1日摂取量

非発がん物質の場合と同様に考えて、水中の発がん物質についての生涯平均1日摂取量（LAI）は次式から算定できます。

$$\mathrm{LAI} = \frac{\mathrm{MC} \times \mathrm{IR} \times \mathrm{ED} \times \mathrm{EF}}{\mathrm{BW} \times \mathrm{AT_c} \times 365} \tag{1.6}$$

ここに、LAI：生涯平均1日摂取量 [mg/kg/日]
　　　　MC：水（摂取媒体）中の化学物質の濃度 [mg/L]
　　　　IR：1日当たりの水（媒体）摂取量 [L/日]
　　　　ED：暴露期間 [年]
　　　　EF：暴露頻度 [日/年]
　　　　BW：体重 [kg]
　　　　$\mathrm{AT_c}$：発がん性物質の暴露期間 [年]
　　　　　　（寿命70年が用いられる）
　　　　365：1年間の日数 [日/年]

1.6 リスクの評価と管理

毒性評価と暴露評価の結果に基づいてリスクを算定します。一般毒性物質である非発がん物質については確定的なリスクで、発がん性物質については確率的なリスクで評価します[11, 12]。

非発がん物質の確定的リスク評価
(1) リスクの計算

閾値ありの非発がん物質の確定的リスクの判定はハザード

比(HQ)によって行います。HQ は次の関係で定義される無次元量です。

$$\mathrm{HQ} = \frac{\mathrm{AI}}{\mathrm{TDI\ or\ RfD}} \text{ or } \frac{\mathrm{AC}}{\mathrm{RfC}} \tag{1.7}$$

ここに、HQ：ハザード比 [無次元]
　　　　AI：平均1日摂取量 [mg/kg/日]
　　　　TDI：耐容1日摂取量(＝参照用量)[mg/kg/日]
　　　　RfD：参照用量 [mg/kg/日]
　　　　AC：平均暴露濃度 [mg/m^3、mg/L]
　　　　RfC：参照濃度(許容濃度)
　　　　　　　[mg/m^3、mg/L、mg/kg]

(2) リスクの判定

ハザード比(HQ)によるリスクの判定は、式(1.7)で計算された HQ と目標ハザード比(THQ：Target hazard Quotient)とを比較して判定します。通常、THQ を 1 とするので、リスクの判定は**表 1.2** のようになります。

表1.2　リスクの判定基準

リスクの大きさ	判　定
算定ハザード比(HQ) ≧ 目標ハザード比(THQ＝1)：HQ≧1	リスクあり、危険
算定ハザード比(HQ) ＜ 目標ハザード比(THQ＝1)：HQ＜1	リスクなし、安全

発がん性物質の確率的リスク評価

(1) リスクの計算

1.4 で述べたように、発がん性物質についてはスロープ係

数(SF)およびユニットリスク(UR)を用いて発がんリスク(CR)を計算します。スロープ係数(SF)がわかっている場合は、発がんリスク(CR)は次の関係によって算定することができます。

$$CR = SF \times LAI \tag{1.8}$$

ここに、CR:発がんリスク[−]
　　　　SF:スロープ係数[$(mg/kg/日)^{-1}$]
　　　　LAI:生涯平均1日摂取量[mg/kg/日]

　吸入暴露の場合でユニットリスク(UR)がわかっている場合には、次の関係から発がんリスク(CR)を求めることができます。

$$CR = UR \times LAC \tag{1.9}$$

ここに、CR:発がんリスク[−]
　　　　UR:ユニットリスク
　　　　　　[$(\mu g/L)^{-1}$、$(\mu g/m^3)^{-1}$、$(mg/kg)^{-1}$]
　　　　LAC:生涯平均暴露濃度[$\mu g/L$, $\mu g/m^3$、mg/kg]

　なお、スロープ係数(SF)やユニットリスク(UR)の値として、U.S. EPA(米国環境保護庁)の値あるいは世界保健機関(WHO)の欧州地域事務局が作成したガイドラインの値が用いられています。

(2) リスクの判定

　発がんリスク(CR)を計算した後、それを目標発がんリスク(TCR:Target Cancer Risk)と比較します。目標発がんリスク(TCR)は、わが国では1×10^{-5}(10万人に1人)とし、CR≧TCRとなった場合に「リスクあり、危険」と判断します。環境省の初期リスク評価では表1.3に示すように

表 1.3　環境省等の初期リスク評価での発がんリスクの判定基準

過剰発がんリスクの範囲	とるべき行動（評価結果）
10^{-5} 以上	詳細な評価を行う候補と考えられる。
10^{-6} 以上 10^{-5} 未満	情報収集に努める必要があると考えられる。
10^{-6} 未満	現時点で作業は必要ないと考えられる。

注：10^{-6} は 100 万人に 1 人

10^{-5} が詳細な評価を行うべき物質の選択基準となっています。このリスクの大きさは、世界の多くの人が、「10 万人に 1 人程度の発がんならば許容してもよい」と認めうる大きさということができます。

リスクの管理
(1)　リスク管理とハザード管理

いろいろな点で有用な化学物質なら「毒性をもっていても毒性影響の起こる可能性を小さくするように管理してうまく利用しよう」というのが化学物質の「リスク管理」です。無数ともいえる化学物質の個々の毒性の程度を調べ、法律等で細かく規制する「ハザード管理」は手間や時間がかかりすぎて不可能に近いことです。また、規制することで失われる便益が大きすぎ、禁止されたものの代替物が別の有害影響をもたらす、というような問題もあります。このようなことから、毒性のある化学物質をリスクで管理し、有効に利用しようという発想が出てきました。

図 1.9 を見てください。毒性の大きさだけで化学物質を規制するのがハザード管理です。これは一次元の世界です。そ

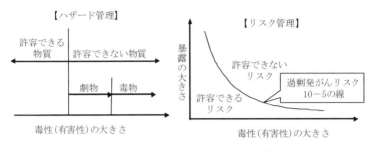

図 1.9　ハザード管理とリスク管理 [13]

れに対してリスク管理は二次元の世界です。化学物質に毒性があっても、暴露する可能性を十分に小さくすれば、リスクとして許容できるという考えです。化学物質への対処において、現在では、リスク管理が主流です。シナリオで決めた具体的条件に基づいて、リスクを定量的に評価し管理していく方式です。

図 1.9 に「許容できる」あるいは「許容できない」をはっきり分ける線が引いてありますが、その線つまり判断基準（クライテリア：criteria）がどこに位置するかは難しい問題で、その物質を使っていくうえでのメリットや便益の大きさなどによって、あるいは、判断する立場の人の考え方によって決まる問題です。価値観がからむだけに難しい問題です。

(2) リスク削減対策とコスト

化学物質のリスク評価は適切なリスク管理を行うためのものです。評価の結果が具体的な管理行動に結びつくことに大きな意味があります。環境汚染サイトのリスク評価を実施し、必要があれば複数のリスク管理手法について、リスク－便益（ベネフィット）－費用（コスト）分析を行うことも重要な

ことです[14]。

図 1.10 にリスクの削減とそれにかかるコストとの関係を模式的に示しました。ゼロリスクを目指せば、リスク削減費用は無限大に向かうでしょう。また、費用をかけなさすぎると、リスクは野放し状態となり、社会の安全レベルは低下します。どこで折り合いを付けるかを検討する際に利用されるのが、費用効果分析あるいは費用便益分析といった手法です。リスク評価の結果、リスクが大きいので削減手法の導入の可否の判断をするときに利用されています。いろいろな表現がありますが、次の 2 つに大別できます。

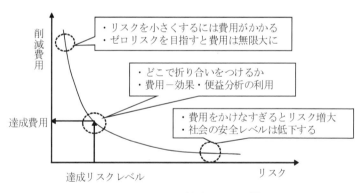

図 1.10　リスクの削減とコスト[15]

1 つは費用効果分析です。この考え方は「同じ額のお金を使うならば、効果の多いほうが望ましい」あるいは「同じ効果が得られるならば、より安く達成できるほうが望ましい」というものです。後者は、対策に「かけられた費用」を、それによって「得られた効果」で割り、「1 単位の効果を獲得

するためにかけられた費用」を計算し、いくつかの対策の手段があれば、この数字の小さいものが効率的であるというものです。費用−効果分析は、化学物質への暴露による健康リスクの削減対策を実際に評価する手法として汎用性が高いといえます。

2つ目は費用便益分析です。これは、費用−効果分析で計算された「得られた効果」を金銭の単位で表し、これを「得られた便益」としたうえで、「かけられた費用」と比較する方法です。「得られた便益」から「かけられた費用」を差し引けば「純便益」が求められます。便益を金銭の大小で示しうるという利点をもっています。便益がプラスならば「その対策を行うことは社会にとって有益である」と判断します。

費用−便益分析は、純便益の大きさによって、対策の優先順位を明らかにすることができるだけでなく、対策ごとにその是非が判断できます。ただ、化学物質への暴露を減らす対策を評価する場合、「得られた便益」を計算するためには、排出量を削減することによって、ヒトへの健康影響や生態系への影響がどのくらい削減され、それがどのくらいの「金銭的価値に相当するか」ということを定量的に求めなければなりません。経済分野においては利用価値が高いのですが、環境問題に適用する際には、データの不足、不確実性の大きさ、金銭評価への抵抗感などが障害となることが多いと考えられています。

(3) リスクコミュニケーションの留意点

従来、リスク管理者への信頼は、科学的レベルの高さ、専門的技術力の高さといった能力についての評価、誠実さ、公

正さといった評価で決まってくると考えられてきました。もちろん、これらは重要な要素で、今でも変わりません。しかし、これからのリスク管理においては、人々がリスク管理責任者と価値観を共有していると感じることがより重要であることがわかってきました。関係する一般市民や近隣住民の価値観を理解し、それを配慮することなしでは、いかに科学的に妥当で公正なリスク管理政策であっても受け入れられにくいでしょう。

さらに、リスク管理責任者が信頼を改善しようと思えば、科学的水準の高さや公正さを唱えているだけでは効果は上がりません。自発的にリスク対応プロセスの透明性を高め、間違った場合の自らの反省と罰則を明確にしておく必要があります。従来のように、個別の状況に合わせた現場での工夫の重要性はもちろんですが、行政や担当者に求められているのは、抽象的なキャッチフレーズを超えて、リスクを定量的に議論するためにはどんなことをすればよいのか、価値観を共有して信頼を獲得のためには何をすればよいのか思考することが重要になります。

一般的に、リスクゼロでない限り被害の可能性はあるとして、万全のリスク対策を求めたくなります。しかし、公共であれ企業であれ、環境リスクのコストは、税金あるいは製品の価格によってまかなわれることになります。リスク削減のコストは、納税者であり製品使用者でもある自分たちが負担していることを忘れてはならないと思います。

第2章
各国の土壌汚染対策

2.1 アメリカRAGS指針による土壌汚染対策の枠組

　アメリカでは、環境汚染への対処は基本的に州が担当します。しかし、1970年代後半から80年代にかけてのラブカナル事件を契機として、1980年にスーパーファンド（Superfund）法が制定されてから、重大な汚染サイトについては連邦政府の主導による修復措置が行われるようになりました。

　スーパーファンド法の正式名称は「包括的環境対処補償責任法」（Commprehensive Environmental Resonse, Compensation, and Liability Act）といい、略して"CERCLA"とも呼ばれています。環境汚染の原因物質である石油や化学物質への課税によって、汚染に対応するための多額の基金を設置したことからスーパーファンド法と呼ばれるようになりました。なお、基金のための課税は1995年末で終了しています。スーパーファンド法に定められている土壌汚染対策の枠組を、本書では便宜上「RAGS（ラグス）指針」と呼ぶこととします。RAGSは"Risk Assessment Guidance for Superfund"の略称で、「スーパーファンドサイトのリスク評価指針」といえるものです。

一方、スーパーファンドサイトに該当しない比較的小規模な土壌汚染への対処は、米国材料試験協会（ASTM：American Society for Testing and Materials）が主導する指針によっています。本書ではこれを「RBCA（レベッカ）指針」と呼ぶこととします。RBCA は "Risk Based Corrective Action" の略称で、「リスクに基づく修復措置」といえるものです。アメリカでは上記の RAGS（ラグス）および RBCA（レベッカ）の2つの指針を用いて土壌汚染に対処しています。はじめに RAGS 指針、次いで RBCA 指針の土壌汚染対策の枠組を概観します。

RAGS 指針の枠組

　RAGS 指針による土壌汚染対策の流れを図 2.1 に示します[16]。自主的調査等により汚染サイトが発見されると、予備的リスク評価によってスクリーニングを行うとともに、リスクの高いサイトは EPA（環境保護庁）に報告され、「全国優先リスト」（NPL：National Priority List）にリストアップされます。そして、優先順位の高いサイトから、「措置方法と実行可能性の検討」（RI/FS：Remedial Investigation / Feasibility Study）を実施します。RI/FS での作業の主体は、リスク評価指針（RAGS）の手順に沿ってリスク評価を実施し、その結果に基づいて、修復目標（措置目標）を決定し、措置方法を選定することです。

　RAGS は、EPA や他の政府機関、州およびその他責任の及ぶ関連団体の事業者あるいはリスク管理者など、リスク評価に関係する者にとっての補助資料として作成されたもので

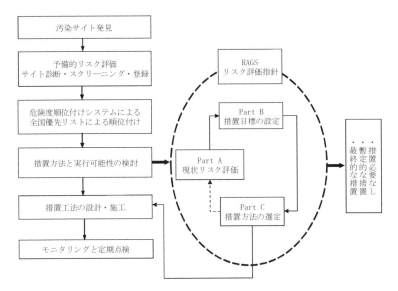

図 2.1 RAGS 指針の土壌汚染対策の流れ [17]（一部修正）

す。この中で、リスク評価の作業として**表 2.1** に示す 5 段階が定められています。このうち Part D, E は補足的な事項であり、実質的なリスク評価を行って判断が伴うのは Part A, B, C の 3 つです。

表 2.1　RAGS のリスク評価

	概　要
Part A	現況のリスク評価
Part B	修復措置目標の設定
Part C	修復措置選択肢に対するリスク評価
Part D	標準化のための補足資料
Part E	皮膚接触によるリスク評価のための補足資料

指針では、現況のリスク評価を実施し、措置目標を設定することになっていますが、実際には、すべての暴露経路と対象物質について、現況リスク評価を行う手間と費用を省く目的で、1996年以降は「土壌スクリーニング値」(SSLs：Soil Screening Levels) が導入されました[18]。この土壌スクリーニング値を超過する暴露経路と対象物についてのみ、RAGSのリスク評価指針に準拠したリスク評価が行われます。

土壌スクリーニング値

土壌スクリーニング値 (SSLs) は、詳細なリスク評価を行うべきかどうかを判断したり、リスク評価の範囲を絞り込むなど、対応を進める際の判断基準として利用されます。SSLsは当初住宅地についてのみ設定されましたが、現在では商業用地や工業用地にも拡張されています。

さらに、標準的なサイトについては、SSLsの標準形として、「汎用土壌スクリーニング値」(G-SSLs：Generic-Soil Screening Levels) が導入されています。参考になるので、G-SSlsの設定（算定）に用いられた計算条件（デフォルト値）を表2.2に、設定されたG-SSLsの一部を表2.3に示します[18]。また、サイト条件の一部が、G-SSLsの算定に適合しない場合には、計算条件をサイト条件に置き換えて計算した「サイト特有の土壌スクリーニング値」(SS-SSLs：Site Specific-Soil Screening Levels) を利用できるようになっています。

表 2.2 住宅地の汎用土壌スクリーニング値(G-SSLs)の計算条件 [17]

分類	項　目	デフォルト値
汚染源	植生による地表面被覆	50 %
	地表面粗度	0.5cm
	汚染源の面積	0.5 エーカー（2,024 m^2）
	汚染源の長さ	45 m
	汚染源の深さ	地下水面まで
土壌	土質	壌土（ローム）
	乾燥嵩密度	1.5 [kg/L]
	空隙率	0.43
	体積含水率	0.15（蒸気）、0.30（地下水）
	体積気相率	0.28（蒸気）、0.13（地下水）
	有機炭素比率	0.006（蒸気）、0.002（地下水）
	土壌 pH	6.8
	卓越的な粒子径	0.5 mm
	高度 7m における風速の閾値	11.32 [m/sec]
気候	年平均風速	4.69 [m/sec]
	分散係数 Q/C パラメータ	合衆国における 90 パーセンタイル値
	揮発の Q/C パラメータ	68.81（ロサンゼルスでの 0.5 エーカーの汚染源に相当）
	飛散粒子の Q/C パラメータ	90.80（ミネアポリスでの 0.5 エーカーの汚染源に相当）
水文	水文条件	不圧層
	自然減衰係数	20

注：Q/C パラメータ [mm/sec]：合衆国をいくつかの気候区分に分類し、気候に関するパラメータを気候区分×汚染源の面積に対応する値を表から拾うようにしている。

表 2.3　住宅地の汎用土壌スクリーニング値（G-SSLs）の例[17]　　［mg/kg］

物　質	摂　食	蒸気吸入	地下水経由	
			減衰定数=20	減衰定数=1（減衰なし）
カドミウム	78（b, m）	1,800（e）	8（i）	0.4（i）
シアン	1,600（b）	—（c）	40	2
鉛	400（k）	—（k）	—（k）	—（k）
クロム（六価）	390（b）	270（e）	38（i）	2（i）
砒素	0.4（e）	750（e）	29（i）	1（i）
水銀	23（b, l）	10（b, l）	2（l）	0.1（l）
PCB	1（h）	—（h）	—（h）	—（h）
ジクロロメタン	85（e）	13（e）	0.02（e）	0.001（e, f）
四塩化炭素	5（e）	0.3（e）	0.07	0.003（f）
トリクロロエチレン	58（e）	5（e）	0.06	0.003（f）
テトラクロロエチレン	12（e）	11	0.06	0.003（f）
ベンゼン	22（e）	0.8（e）	0.03	0.002（f）
セレン	390（b）	—（c）	5（i）	0.3（i）

【記号の説明】
a：ヒトの健康リスクのみを考慮したスクリーニング値
b：非発がん性のハザード比＝1として計算した値
c：この暴露経路については毒性情報なし
d：土壌の飽和濃度
e：発がんリスク100万分の1（10^{-6}）として計算した値
f：通常のラボ分析による定量下限未満の値
g：物性からこの暴露経路については土壌濃度は問題にならない
h：1990年のEPAの報告書"Guidance on Remedial Action for Superfund Sites with PCB Contamination"およびPCB汚染管理に関するEPAの研究成果に基づく暫定措置目標
i：pH6.8におけるSSLs
j：皮膚接触に対して0.5の係数を用いて算出した直接摂食のSSLs
k：1994年のEPA報告書"Revised Interim Soil Lead Guidrain for CERCL Site and RCRA Corrective Action Facilities"に基づいて鉛に対するスクリーニング値400mg/kgが設定された
l：塩化水銀についての参照用量に基づくSSLs
m：経口摂取の参照用量に基づくSSLs

土壌スクリーニング値の本来の目的は、言うまでもなくスクリーニングですが、スクリーニング値をそのまま「暫定的修復措置目標」（PRGs：Preliminary Remediation Goals）とします。PRGs は最終的な修復措置目標となる場合もあります。住宅地の G-SSLs は、110 の物質について 3 つの暴露経路（摂食、吸入、地下水経由）ごとに設定されています[19]。

現況リスク評価

RAGS の Part A においては、現況の土壌汚染状況でのリスク評価を以下の手順で行います。

(1) データの収集

はじめに、リスク評価に必要な化学物質の漏洩や暴露に関するデータの収集を行います。収集すべきデータおよび検討すべき事項の例を**表 2.4** に示します。また、リスク評価モデルを構築するうえで必要な媒体ごとに収集すべきデータを**表 2.5** に示します。

表 2.4 Part A の現況リスク評価のために収集すべきデータと検討事項 [17]

モデルの構成要素	収集すべきデータ	検討すべき事項
汚染源	・汚染物質 ・濃度 ・期間 ・位置	・汚染は存在しているか ・汚染源の封じ込めができるか ・汚染源の掘削除去ができるか ・汚染源の措置ができるか
暴露経路	・媒体（地下水、土壌など） ・移動の程度 ・期間 ・減衰と増加機能	・暴露経路は存在しているか ・暴露経路は遮断できるか ・暴露経路を排除できるか
暴露対象 (受容体)	・種類 ・感受性 ・期間 ・濃度 ・数	・汚染物質の移動による暴露措置への影響はないか ・暴露対象を移動できるか ・暴露対象を保護できるか

表 2.5 Part A の現況リスク評価モデル構築に必要なデータ [17]

モデルの構成要素	データ（パラメータ）
汚染源	外形、物理化学的状態、漏洩率、漏洩強度、地形
土壌	粒径、乾湿、pH、酸化還元電位、鉱物的分類、有機炭素および粘土含有量、全密度、空隙率
地下水	水頭値、透水係数（揚水およびスラグ試験結果より算出）、帯水層の厚さ、水理勾配、pH、電気伝導度、含水率
大気	卓越風向、風速、大気安定度、地形、有害物の深さ、土壌および土壌ガス中の汚染物質濃度、土壌中の有機含有率、土壌中のシルト含有率、植生の割合、土壌の全密度、土壌の空隙率
表流水	硬度、pH、酸化還元電位、溶存酸素、塩分濃度、温度、電気伝導度、全懸濁物質、河川の流量および深さ、河口および湾の潮汐サイクルなどのパラメータ、塩水の流入範囲（深さ、面積）、湖の面積、容量、深さおよび温度勾配
底質	粒度分布、有機物含有量、pH、水底の酸化還元状況、含水量
生物相	乾燥重量、生物相全体、固有有機物、可食部の化学物質濃度、水分率、水分含有量、大きさ、年令、生存履歴

(2) 暴露評価

暴露経路の選定においては、①化学物質の漏洩と漏洩先の媒体（土壌、地下水など）、②漏洩先の媒体中での反応と移動、③汚染された媒体と人との接触点（暴露地点）の3点をとくに考慮して、最終的に、暴露中の汚染源の大きさ、汚染物質の移動、暴露ポイント等を把握し、サイトの状況に合致した暴露経路を決定します。以上の事項が明確になれば、特殊な場合を除いた信頼性の高い暴露量の算定を行うことができます。

(3) 毒性評価

毒性評価は対象化学物質に暴露した場合のヒトの健康に対する有害な影響を同定することです。毒性の発現の仕方によって、非発がん評価と発がん性評価の2種類の毒性評価が行われます。毒性に関するデータは、毒性学分野等の既往の研究成果を活用します。

(4) リスク評価

最終段階の現況リスク評価において、毒性評価と暴露評価の結果からリスクの大きさを算定します。リスク評価を行う多くのサイトでは、複数の化学物質が評価の対象となり、非発がんと発がん性の両方の物質を含む場合も多くあります。

措置目標の設定と選択

(1) 措置目標の設定

RAGSのPart Bの主目的は、現況リスク評価に基づいて、暫定的修復措置目標（PRGs：Preliminary Remediation Goals）を設定することです。PRGsは、スクリーニングレベルその

ものであり、あくまでも初期段階での暫定的な目標で、最終的な目標ではありません。しかし、複数の措置方法の検討の後に、PRGs が最も合理的と判断されれば、最終的な修復措置目標となります。

(2) 措置方法の選択

RAGS の Part C では、複数の選択肢の中から、有効性、実現可能性、費用等を勘案して措置方法を選択します。注意すべきことは、Part C での措置方法の選定は、定量的なリスク評価よりも、むしろ定性的な評価によっており、以下に示す項目に従って措置方法の評価・選定が行われます。

① ヒトの健康保護と環境保全が守られているか
② 適用または参照すべき要求値を満たしているか
③ 長期的効果（永続性）があるか
④ 汚染物質の毒性、移動性あるいは量の減少があるか
⑤ 短期的効果はあるのか
⑥ 実現可能性はあるのか
⑦ 費用対効果からみて費用は合理的か
⑧ 州の承諾は取られているのか
⑨ コミュニティの承認は得られているのか

2.2 アメリカRBCA指針による土壌汚染対策の枠組

前節で概観したスーパーファンドサイトに適用する RAGS 指針は大規模な汚染サイトに限られ、比較的規模の小さい場合は、ASTM（米国材料試験協会）が主導する RBCA（レベッカ）指針が適用されます[21]~[25]。RBCA 指針の汚染対策

のプロセスは、基本的には RAGS 指針とほぼ同じですが、階層（Tier）アプローチを用いることに特徴があります。また、措置方法の決定などにおいては、住民を含めた関係者によって構成さる委員会等の合意によって、サイトごとに決定していくことも大きな特徴といえます。

階層アプローチ

RBCA でのリスクに基づく汚染対策の進め方は「階層アプローチ」（Tiered Approach）と呼ばれ、これが大きな特徴とされています。土壌汚染対策の流れの概略を図 2.2 に示します。

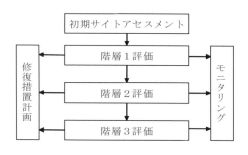

図 2.2　RBCA 指針の階層的アプローチ

(1) 初期サイトアセスメント

初期サイトアセスメントは、フェイズⅠ・Ⅱ調査の一部として実行されます。放出化学物質の性質、サイトの地盤特性、周辺地域の地理的状態や環境条件など、得られる最小限の情報に基づいて緊急的なリスク評価を実施し、必要に応じて対応措置を行います。

(2) 階層1でのリスク評価と検討事項

　想定される暴露シナリオでの暴露経路および汚染物質の最高濃度を用いて、影響を受けるヒトが汚染源の位置に存在すると仮定した場合の「リスクベースのスクリーニングレベル」(RBSL：Risk Based Screening Level) を算定します。求められた RBSL（あるいは汎用スクリーニング値：G-SSLs）とサイトのリスク評価の結果と比較し、措置の必要性を評価します。サイトのリスクが RBSL（あるいは G-SSLs）以下であれば、階層1でのリスク解析は終了し、「これ以上の調査や措置は必要なし」という結論になります。

　一方、サイトのリスクが RBSL（あるいは G-SSLs）以上の場合は、汚染の程度を RBSL まで低下させる措置方法を選定して実行するか、あるいは、階層2のリスク評価の検討へ進みます。

　階層1のように、安全側の考え方を採用すると、達成すべき措置目標が非常に高くなり、高度のそして広範囲にわたる措置が必要であり、コストもかさむことになります。階層1での措置目標の達成が困難であるという結論になると階層2に移行します。階層1の結果「措置目標が達成可能」あるいは「さらなる措置は必要なし」と結論されると、階層1での検討は終了します。措置目標（RBSL あるいは G-SSLs）は「これ以上の調査や措置は必要なし」の濃度を示す定量的な指標です。また、措置目標である RBSL あるいは G-SSLs は、すべてのサイトにおいて一律の値ではなく、サイトの状況に応じて個別に設定される性質のものです。

(3) 階層 2 でのリスク評価と検討事項

階層 1 でのサイトのリスクが、RBSL（あるいは G-SSLs）を超過する場合は措置を行うか、または、スクリーニング値の計算条件の一部をサイトの条件に置き換えて計算したサイト特有のスクリーニング値（SS=SSLs）と比較します。これが階層 2 です。すなわち、階層 2 においては、サイト特有の詳細な情報を用いて、措置の必要性を階層 1 よりも詳細に検討することになります。階層 2 では、影響を受けるヒトまでの経路における汚染物質の拡散や吸着等による濃度減衰を考慮した措置目標レベル設定します。サイトのリスクと措置目標レベル（階層 2 での RBSL あるいは G-SSLs）を比較検討した結果、階層 1 で結論したような措置は必要なく、措置の規模を縮小することが可能という結論になると、経済面も考慮し、階層 2 で得られた規模の措置の実施が可能か否かの検討を行います。そして、階層 2 での措置が実行可能であれば階層 2 の評価を終了します。実行が困難となったら階層 3 の検討に入ります。アメリカの経験では、階層 3 の検討に入る事例はほとんどないようです。

(4) **階層 3 でのリスク評価と検討事項**

階層 3 においては、詳細な現地調査に基づくパラメータの設定を行い、地中での汚染物質の移行や拡散、希釈、分解等による自然減衰等を考慮して、人への暴露に対する詳細なリスク評価を行い、階層 3 での目標レベルすなわち措置目標レベルを検討します。階層 2 より精度の高い方法を用いて措置目標レベルを設定し、よりサイトの実情に合わせた評価を行います。

以上のように、RBCA 指針においては、各階層の評価において、評価対象とする地点について、暴露経路ごとに措置目標レベルと汚染物質濃度レベルを比較します。そして、対象汚染物質の濃度が措置目標レベルを超過している場合には、暫定的措置や最終的措置を行うか、または次の階層の検討を行うことになります。

　一般的に、低い階層のリスク評価結果に基づいて措置を行う場合には、リスク評価に要するコストは低く済みますが、リスク評価の精度が低いので、その分安全率を高くみていることになるため、措置のコストが高くなります。一方、高い階層の評価結果に基づいて措置を行う場合には、リスク評価に要するコストは高くなりますが、措置のためのコストは低く済みます。

　リスク評価は限られた情報に基づく結果ですから、不確実性が付きまといます。階層 1 でのリスク評価においては、情報も少なく不確実性が高いので、最も安全側に見積もった場合の措置目標を設定することになります。したがって、階層 1 では、措置が必要な範囲が広くなったり、高度な技術が必要なったりして、その結果として費用も高くなります。場合によっては技術的に実施が困難なこともあります。階層 2, 3 と高次になるほど、リスク評価モデルも高度で複雑になり、質（精度）の高い多くのデータを収集しなければならず、これの収集に費用と時間がかかります。しかし、階層 1 の場合に比べて経済的な措置方法の選定が可能になります。

スクリーニングレベルの設定

RBCA 指針では、階層ごとに RBSL（Risk Based Screening Level）を設定し、サイトのリスクと比較して措置の必要性を検討します。したがって、RBSL は措置目標レベルでもあります。あとから述べますが、措置目標レベルは、各階層における受け入れ可能な濃度（許容濃度といえるもの）であり、階層 1 では包括モデル等によるリスク評価に基づいて設定します。すなわち、汚染地域の最高濃度のデータを用いたり、暴露地点が汚染地域内の汚染源の真上にあるというような想定で設定します。その結果、安全側の評価となり、健康保護のレベルは高くなります。

措置目標レベルでもある RBSL は、空気中、地下水中、土壌中の濃度や含有量として表されます。RBCA 指針においては、屋外・屋内空気の吸入摂取、飲用水（地下水）の経口摂取、汚染土壌の直接摂取など、考えられる個々の暴露経路と汚染物質について RBSL を設定するようになっています。以下、2 つの場合について、RRBSL（＝措置目標）の設定方法を紹介します。

(1) 非発がん物質の吸入摂取の場合

吸入摂取は汚染物質を空気とともに吸入することによって生じます。空気中の汚染物質の濃度は暴露期間中一定で、吸入したすべての汚染物質が吸収されると仮定します。非発がん物質の平均暴露濃度（AC）は式(1.3)で、また、ハザード比（HQ）は式(1.7)で表されました。ここで、式(1.3)の汚染物質の濃度（MC）をスクリーニングレベル（RBSL）と置き、ハザード比（HQ）を目標ハザード比（THQ：Target

Hazard Quotient）と置くと、両式から、措置目標でもあるスクリーニングレベル（RBSL）は次のように表すことができます。

$$\text{RBSL} = 措置目標 = \frac{\text{THQ} \times \text{RfC} \times \text{AT}_n \times 365}{\text{ED} \times \text{EF}} \quad (2.1)$$

ここに、RBSL：スクリーニングレベル［mg/m³］

　　　　THQ：目標ハザード比（普通 THQ＝1）

　　　　RfC：参照濃度［mg/m³］

　　　　AT_n：非発がん物質への暴露期間［年］

　　　　365：1年間の日数［日/年］

　　　　ED：暴露期間［年］

　　　　EF：暴露頻度［日/年］

　例として、非発がん物質であるトルエンで汚染された空気を吸入する場合を考えてみます。暴露期間にわたって、空気中のトルエンの濃度は一定とし、次のようなパラメータを用いることにします。THQ＝1、RfC＝0.4［mg/m³］、ATn＝30［年］、ED＝30［年］、EF＝350［日/年］。これらの値を用いると、RBSLは次のように計算できます。

　RBSL＝措置目標

$$= \frac{1 \times 0.4\,[\text{mg/m}^3] \times 30\,[年] \times 365\,[日/年]}{30\,[年] \times 350\,[日/年]}$$

$$= 0.417\,[\text{mg/m}^3]$$

　措置目標が 0.417［mg/m³］ということは、サイトの大気中のトルエン濃度がこの値以下であれば修復措置は不要という結論になり、0.417［mg/m³］以上であれば、濃度をこの値にまで低減させることができるような修復措置を施すべき

という結論になります。

(2) 発がん性物質の経口摂取の場合

2つ目の例として、発がん性物質に汚染された水（地下水）を飲用した場合のRBSLを考えます。この場合の生涯平均1日摂取量（LAI）は式(1.6)によって、また、発がんリスクは式(1.8)によって表されました。上記の吸収摂取の場合と同様に、式(1.6)および式(1.8)において、濃度（MC）をスクリーニング値RBSL（措置目標）と置き、リスク（CR）を目標リスク（TCR）と置くと、RBSLは次のように表されます。

$$\text{RBSL} = 措置目標 = \frac{\text{TCR} \times \text{BW} \times \text{AT}_c \times 365}{\text{SF} \times \text{IR} \times \text{ED} \times \text{EF}} \tag{2.2}$$

ここに、RBSL：スクリーニングレベル [mg/L]

　　　　TCR：目標発がんリスク [―]

　　　　BW：体重 [kg]

　　　　AT_c：発がん物質への暴露期間 [年]

　　　　SF：スロープ係数 [(mg/kg/日)$^{-1}$]

　　　　IR：媒体摂取量 [L/日]

　　　　ED：暴露期間 [年]

　　　　EF：暴露頻度 [日/年]

例として、ベンゼンに汚染された水（地下水）を飲用した場合のRBSL（＝措置目標）を算定します。暴露中においてベンゼンの濃度は一定とし、計算に用いるパラメータを次のように仮定します。TCR＝10^{-6}〜10^{-4}、BW＝70kg、AT_c＝70年、SF＝0.029 [(mg/kg/日)$^{-1}$]、IR＝2 [L/日]、ED＝30年、EF＝350 [日/年]。算定結果は次のようになります。

TCR $=10^{-6}$ の場合：

$$\text{RBSL}=措置目標=\frac{10^{-6}\times 70\times 70\times 365}{0.029\times 2\times 30\times 350}=2.94\times 10^{-3}\,[\text{mg/L}]$$

TCR $=10^{-4}$ の場合：

$$\text{RBSL}=措置目標=\frac{10^{-4}\times 70\times 70\times 365}{0.029\times 2\times 30\times 350}=2.94\times 10^{-1}\,[\text{mg/L}]$$

以上の例でもわかるように、措置目標となる RBSL は、サイトの暴露の状況等によって変わってくる性質のものです。上記では2つの場合を考えましたが、同様な方法によって、サイトごとに、各種の汚染物質と暴露経路についても RBSL つまり措置目標を求めることができます。

2.3 オランダの土壌汚染対策の枠組

暫定土壌浄化法と土壌保全法

オランダでは、レッカーケルク事件を契機として、1983年に「暫定土壌浄化法」が制定されました。この法律は、深刻な土壌汚染に対して国や州が修復の義務を負うもので、修復目標を「土壌の多機能性の保全」つまりどのような用途にも利用できるまでの修復、言い換えれば「完全修復」に置くとともに、土壌汚染の程度について表 2.6 に示すような3つの基準値が定められました。

表2.6 暫定土壌浄化法での基準値

区分	概　　要
A値	土壌の多機能性が確保されている値
B値	詳細調査の必要性を判断する値
C値	ヒトと環境へ深刻なリスクをもたらす値

　暫定土壌浄化法が施行された5年後に、土壌汚染の未然防止に力点を置いた「土壌保全法」が新たに制定され、修復実施の主体は国や州から汚染原因者と土地所有者に移りました。さらに、1994年に暫定土壌浄化法は土壌保全法に統合され、暫定土壌浄化法で規定されていた3つの基準値（A、B、C値）は「目標値」と「介入値」の2つに改められ、C値に対応する介入値を算出するために"CSOIL"と呼ばれるリスク評価モデルが作成されています。CSOILという名称は、土壌（Soil）についてC値を算出するモデルであることに由来しています。

介入値と目標値[26]
(1) 介入値
　土壌保全法での介入値は、健康リスクに加えて生態系へのリスクも考慮して設定されます。健康リスクは、非発がん物質に対しては耐容1日摂取量（TDI：Tolerable Daily Intake）を、発がん性物質に対しては生涯の発がんリスクの増加分として 10^{-4}（わが国では 10^{-5}）を基準としています。介入値の設定においては、地下水の飲用を除くすべての暴露経路を考慮したリスク評価によって土壌の介入値を算定します。一

定の規模以上で介入値を超過した土地は深刻な汚染とされ、原則として修復が必要となります。

(2) 目標値

目標値は、土壌がヒトの健康および生態系に対して、その機能が損なわれない状態とし、できる限りリスク評価に基づいて設定するようにしています。実際には、重金属等についてはオランダにおけるバックグラウンド濃度を考慮した値が設定されています。2008年時点において、土壌・底質および地下水に対して、重金属等を含めて合計98物質についての目標値と介入値が設定されています。その一部を表2.7に示します。

表2.7 土壌保全法における土壌・底質汚染の目標値と介入値（抜粋）[17]

物　質	バックグラウンド値 [mg/kg]	目標値 [mg/kg]	介入値 [mg/kg]
カドミウム	0.8	0.8	12
鉛	85	85	530
砒素	29	29	55
水銀	0.3	0.3	10
PCB	－	0.02	1
ジクロロメタン	－	0.4	10
四塩化炭素	－	0.4	1
トリクロロエチレン	－	0.1	60
テトラクロロエチレン	－	0.002	4
ベンゼン	－	0.01	1

土壌保全法の再改正
(1) 再改正の趣旨

　1994年の土壌保全法の改正により、C値が介入値に改められましたが、修復目標は従来どおり「土壌の多機能性の保全（完全修復）」であり、目標値までの修復が求められていました。しかし、土地利用によって土壌汚染がもたらすリスクの大きさが異なるにもかかわらず、あらゆる土地についてリスクゼロのレベルまでの浄化措置が必要とされたことで、過剰な費用が必要となり、費用対効果を考慮した修復方法の選定が求められるようになりました。このようなことから、2006年に土壌保全法は再び改正されました。改正のポイントは次の3点です。

① 修復の目標を土地利用に応じて変更し、費用対効果を考慮して修復目標を決定する。
② 民間資金を導入する仕組みを作る。
③ 都市計画との統合により、国や州だけでなく地域社会の参加を促す。

(2) 費用対効果の高い措置目標の設定

　費用対効果が高く、土地利用に応じた修復目標の設定にあたっては、修復費用の適正さを考慮して、標準的な措置方法を示していますが、サイト条件を考慮して標準以外の方法を用いることも認められています。標準的な措置方法を用いるかどうか、用いない場合にどのような措置を行うかは、措置実施者の協力を得て、ヒトの健康リスク評価に基づいて規制当局が決定します。

　標準的な措置方法は、土壌汚染の深度と物質の種類に従っ

て定められるようになっており、汚染土層を上層土壌（topsoil）と下層土壌（subsoil）に区分し、その境界は10m程度を目安としています。措置方法の決定にあたっては**表2.8**の考え方を基本とし、これを考慮して選定します。

表2.8 土壌保全法での汚染深度と措置方法

土壌の深度	採るべき措置方法
①上層土壌	基本的に土地利用に応じた暴露経路の遮断方法を採用する。
②下層土壌	費用対効果を考慮した措置方法とし、措置後にモニタリングを実施する。
③VOC汚染	上記①、②に加えて地上への揮発を考慮して措置方法を選定する。

標準的な措置

(1) 上層土壌の標準的な措置目標

　汚染物質の拡散の可能性がない場合、すなわち、重金属など水への溶解度が低く揮発しにくい物質による上層土壌の汚染に対する標準的な措置方法は「表層被覆」としています。そのとき、土地利用を次の4種類に分けて表層被覆を考えます。

① 住宅地およびレクリエーション用緑地
② 非レクリエーション用緑地
③ 市街地および舗装された土地
④ 農用地および自然地

①および②については、従来の「土壌の多機能性が確保されている値」としての目標値とは別に、土地利用別の「浄化

目標値」（BGWs：Boden Gebruiks Waarden）を定め、地表から一定の深度（標準は 0.5～1.5m）の土壌は浄化目標値を満たすものとしています。③の市街地および舗装された土地については、舗装により暴露経路が遮断されていると考え、濃度にかかわらず「措置の必要なし」としています。④の農用地および自然地については、標準の措置方法は示されておらず、個別に判断するものとしています。表2.9 に①および②の土地利用における浄化目標値（BGWs）を介入値と目標値とともに示します。

表2.9 土壌保全法での浄化目標値と目標値・介入値（抜粋）[17]

物　質	目標値 [mg/kg]	浄化目標値 [mg/kg]		介入値 [mg/kg]
		住宅地・レクリエーション用緑地	非レクリエーション用緑地	
カドミウム	0.8	1	12	12
鉛	85	85	290	530
クロム（全クロム）	100	300	380	380
ヒ素	40	40	40	55
水銀	0.3	2	10	10
銅	36	80	190	190
ニッケル	35	50	210	210
亜鉛	140	350	720	720

　浄化目標値の達成方法として、地表から一定深度の土壌を除去した後、客土を行うことも、また、除去しないで客土を行うことも認められています。しかし、一定深度までの汚染土壌とその深度以下の浄化目標値を満たす土壌を入れ替える

ことは、従来からの「現状維持の原則」に反するものとして認められていません。

(2) 下層土壌の標準的な措置目標

下層土壌の措置については、技術的あるいは経済的な理由により、完全修復が不可能な場合もあるとしたうえで、費用対効果の認められる範囲で、できる限りの措置を行うものとし、標準的な措置方法として次のような方法を提示しています。

① 可能な範囲で汚染源を最大限除去する。

② 拡散域についても可能な範囲で除去する。

③ 最終的な安定状態（stable end situation）を達成するようにする。最終の安定状態とは、それ以上汚染が広がらない状態をいいます。

④ 措置開始から 30 年以内に達成する。

⑤ 措置の過程で汚染物質濃度のモニタリングを行い、必要に応じて措置方法の見直しを行う。

(3) 揮発性有機化合物汚染に対する措置目標

揮発性有機化合物（VOC）の地表への揮発については、サイト条件の影響を強く受けるため、措置目標の設定においては、サイトごとの検討が必要であるとし、そのうえで、下記の措置方法を上から順に望ましい方法として提示しています。

① 費用対効果の認められる範囲で VOC 汚染土壌を除去し、かつ可能であれば汚染地下水も排除（除去）する。

② 表層被覆を施す。たとえば、防湿性のシートなどで覆う。

③ 地上設備を設置する。たとえば、床下空間に換気装置などを設置する。

2.4 ドイツの土壌汚染対策の枠組

連邦土壌保全法

ドイツは 16 の州からなる連邦国家で、環境問題に対処する主たる責務は州が負っています。しかし、州レベルの取り組みでは深刻な土壌汚染問題への対応に限界が生じ始めたことから、1999 年に連邦レベルの土壌保全対策を促進するための「連邦土壌保全法」が、続いて「連邦土壌保全および汚染サイト規定」が制定されました[27]。

連邦土壌保全法は、将来にわたって持続可能な土壌機能の保護・回復を目的としています[28]。そのため同法では、汚染土壌の修復だけでなく、有害な土壌改変の防止、土壌汚染の予防措置といった内容を含んでいます。ドイツでは、2007 年において、27 万件以上の土壌汚染の疑いがあり、これらのサイトは連邦土壌保全法に基づき、汚染の有無について調査する必要があるとされています。その場合の調査から措置までのフローを図 2.3 に示します。

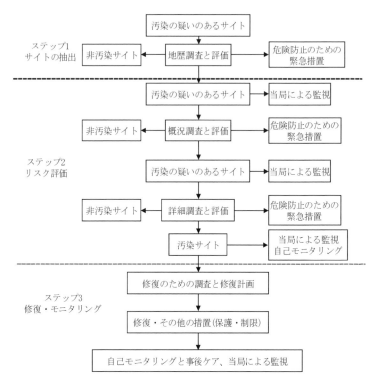

図 2.3　連邦土壌保全法の土壌汚染対策の流れ [17]

連邦土壌保全法での基準値

連邦土壌保全法では、土壌汚染の予防のための2つの基準値および土壌汚染あるいはその疑いの有無の判断のための2つの基準値、計4つの基準値が設定されています [29]。それら基準値の概念を図 2.4 および表 2.10 に示します。

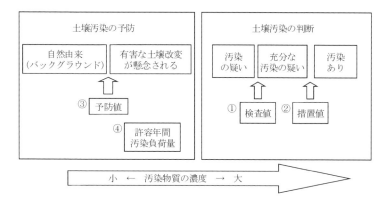

図 2.4　連邦土壌保全法の基準値の位置付け [17]

表 2.10　連邦土壌保全法の基準値の概要

基準値	内容の概略
① 検査値	有害な土壌改変や土壌汚染の疑いが存在する値。この値を超過した場合、より詳細な調査が要求されます。
② 措置値	通常、有害な土地改変や土壌汚染が存在することを示す値で、この値を超過した場合、修復措置の実施が要求されます。
③ 予防値	有害な土壌改変が懸念される理由があることを意味する値で、重大な用途（たとえば耕作土など）に用いられている土地が、この値を超した場合に、管理当局が予防的な保護を考えます。土質の種類や有機物含有量により異なる値が設定されています。
④ 許容年間汚染負荷量	土地に対して許容される1年間の追加の汚染物質負荷量であり、予防値を超過した場合に、管理当局による汚染が増加していない、または、縮小していると判断するための必要条件です。7種類の物質で一定面積当たりの汚染物質負荷量として与えられています。

暴露経路の設定と基準値の設定

上記の基準のうち、検査値と措置値は暴露経路や土地利用を考慮して設定されます。その中で興味深い点は、土地利用ごとに暴露経路が設定されていること、暴露経路や土地利用の種類により対象となる化学物質や分析方法が異なっていることです[29]。以下に、考慮されている暴露経路と基準値について概述します。

(1) 土壌からヒトへの経路（直接摂取）

この経路は、土壌とヒトが直接接触する場合を考慮することであり、**表 2.11** に示す 4 種の土地利用に対する暴露経路が設定されています。そして、土地利用ごとに 14 種類の汚染物質の検査値と、ダイオキシン類の措置値が設定されています。**表 2.12** にその一部を抜粋して示します。

表 2.11 土地利用と考慮されている暴露経路 [17]

土地利用	考慮されている暴露経路		
	土壌の摂食	飛散土粒子の吸引	土壌との皮膚接触
子供の遊び場	○	○	○
住居地域	○	○	○
公園・レクリエーション施設	○	○	○
商工業地域	×	○	×

表 2.12 直接接触での基準値（抜粋）[17]

	物　質	子供の遊び場	住居地域	公園・レクリエーション施設	商工業地域
検査値	砒素	25	50	125	140
	鉛	200	400	1,000	2,000
	カドミウム	10	20	50	60
	シアン	50	50	50	50
	クロム	200	400	1,000	1,000
	水銀	10	20	50	80
	PCB	0.4	0.8	2	40
措置値	ダイオキシン	100	1000	1,000	10,000

検査値の単位は〔mg/kg 乾土〕、措置値の単位は〔ng-TEQ/kg 乾土〕

(2) 土壌から植物への経路

この経路では、農地、菜園、草原の3つの土地利用が考慮されており、農地と菜園では検査値と措置値が、草原では措置値のみが設定されています。

(3) 土壌から地下水への経路

この経路については、土地利用にかかわらず、一律の検査値のみが設定されています。対象となる化学物質は、無機物質で17物質、有機物質で10物質について検査値が設定されており、地下水への溶解を考慮した試験方法（溶出試験）で得られた基準値が設定されています。

2.5 イギリスの土壌汚染対策の枠組

　イギリスは 1980 年代に、土地の再開発における土壌汚染の評価基準として、「判断基準値」と「措置基準値」を設定しています。判断基準は、この値以下であれば何もする必要がない（措置不要）という値であり、措置基準は、この値以上であれば必ず措置が必要という値です。しかし、汚染濃度がこの 2 つの基準値の間に入ったとき、どのような判断を行えばよいかという難しい問題がありました。このような状況の下で、2003 年に、土地の汚染について「汚染土地報告書（CLR：Contaminated Land Report)」[30] が発表され、これは、イギリスの土壌汚染に関する法的規制の根拠となる技術的資料として広く活用されています。

　汚染土地報告書（CLR）に基づいて制定された土壌汚染に関する法的規定のうち、代表的なものに「都市と地方の計画法」と「環境保護法 1990 Part ⅡA」の 2 つがあります。前者は、公共事業機関が、開発計画や建築許可の認可に際し、土壌汚染の可能性を考慮のうえ、必要に応じ調査や浄化を指導することを定めた規定です。後者は、地方自治体が、汚染している土地の判別や浄化の必要性を検討し、行政指導を行うための管理方法を定めたものです。

汚染土地報告書

　汚染土地報告書（CLR）において、土壌汚染対策に関連する事項は**表 2.13** に示す CLR 7～CLR 10 によって構成されています。また、CLR 報告書の特徴的な事項は次の(1)および

表 2.13 汚染土地報告書（CLR）の内容の概略

	概　要
CLR 7	土壌ガイドライン値（SGVs）および関連する研究開発の概要
CLR 8	産業活動や被害からみて、対応が優先されるべき汚染物質の種類
CLR 9	汚染物質の毒性と摂取量に関わるデータ、TDIと指標用量（ID）の選定方法等
CLR 10	土壌汚染の暴露評価モデル（CLEA）の技術的な基礎と定式化（暴露モデル）等

注）　TDI：耐容 1 日暴露量、ID（Index Dose）：指標用量

(2)のようにまとめることができます。

(1) リスク評価ツール

2003 年の CLR 報告書の公表と同時に、リスク計算ソフトである CLEA 2002 が公開されました。これは、汚染土壌の長期的な摂取によるヒトの健康リスクを算定するリスク計算ツールです。公開当初は、一般的な評価基準としての土壌ガイドライン値（SGVs）の算定だけに機能が限定されていましたが、現在は、サイト特有の条件に合わせた値を用いて算定する機能が追加更新されて、英国環境庁のウェブサイトで一般公開されています。

(2) 土地利用と暴露経路

土地利用ごとに表 2.14 に示す曝露経路がリスク算定の対象とされています[31]。この中で、土壌から地下水や表流水を経由する経路が考慮されていません。イギリスでは、地下水や表流水の汚染については、土壌とは別に法規制がなされているためです。また、土地利用で市民菜園が考慮されていま

すが、イギリスの標準家庭では、地方自治体から割り当てられた市民菜園（分配地）があり、そこで自家製野菜類を栽培し、食卓に供することが多く行われています。

表2.14 土地利用と考慮すべき暴露経路 [17]

暴露経路＼土地利用	住宅地	市民菜園（分配地）	商業地工業地
土壌の直接摂取	○	○	○
室内での土壌ダストの直接摂取	○	○	○
家庭菜園の自家製野菜の摂食	△	○	×
家庭菜園の野菜についた土壌の摂取	△	○	×
土壌の皮膚接触	○	○	○
室内での土壌ダストとの皮膚接触	○	○	○
屋外での土壌ダストの吸入	○	○	○
室内での土壌ダストの吸入	○	○*	○
屋外での土壌ガスの吸入	○	○	○
室内での土壌ガスの吸入	○	×	○

注) ○：デフォルトとして含まれている経路
　　△：デフォルトには含まれてないが選択可能な経路
　　×：選択できない
　　＊：室内への汚染土壌の持ち帰りを想定している

土壌ガイドライン値

土壌ガイドライン値（SGVs：Soil Guideline Values）は、暴露評価モデル（CLEA：Contaminated Land Exposure Assessment Model）により、標準的な土地利用ごとに算出された値です。CLR報告書では、潜在的に汚染の可能性のある物質として48種類の物質を取り上げており[32]、このうち23種類の物質について毒性情報および耐容1日摂取量（TDI）、指標

用量 (ID) の算定結果が公表されています[33]。2007年12月の時点において、そのうちの 10 種類の汚染物質について、標準的な土地利用に対する土壌ガイドライン値 (SGVs) が公表されています (表 2.15)。

表 2.15 標準的な土地利用における土壌ガイドライン値 (SGVs)[17]

[mg/kg]

項　　目		標準的な土地利用			
		住宅地 (農作物の摂取あり)	住宅地 (農作物の摂取なし)	分配地 (市民菜園)	商業地 工業地
ヒ素		20	20	20	500
カドミウム	pH 6	1	30	1	1,400
	pH 7	2		2	
	pH 8	8		8	
クロム		130	200	130	1,500
無機水銀		8	15	8	480
ニッケル		50	75	50	5000
フェノール	1%SOM	78	21,900	80	21,900
	2.5%SOM	150	34,400	155	43,000
	5%SOM	280	37,300	280	78,100
セレン		35	260	35	8,000
鉛		450	450	450	750
トルエン	1%SOM	3	3	31	150
	2.5%SOM	7	8	73	350
	5%SOM	14	15	140	680
エチルベンゼン	1%SOM	9	16	18	4,800
	2.5%SOM	21	41	43	
	5%SOM	41	80	85	

注) SOM：土壌中の有機物含有量

カドミウムでは土壌の pH により値が異なっていますが、これは、土壌の pH により植物のカドミウム吸収率が異なることを考慮しているためです。また、有機化合物では、土壌中の有機物含有量により値が異なっていますが、これは、有機化合物が土壌中の有機炭素に吸着されやすい性質をもっていることを考慮しているためです。

2.6 わが国の土壌汚染対策の枠組

土壌汚染対策法の概要

わが国の土壌汚染対策は「土壌汚染対策法」（以後、「土対法」）に準拠して実施されています。この法律は 2003 年に施行され、2010 年にその一部が改正されて現在に至っています。土対法は、すでに発生してしまった土壌汚染に対処するためのものであり、土壌汚染の未然防止を目指すものではありません[35]。

(1) 土壌汚染対策法の目的

土対法の目的は、定められた特定有害物質（**表 2.16**）による土壌の汚染状況を把握し、措置を講ずることによって、人の健康を保護することです。

表 2.16 土壌汚染対策法の特定有害物質と基準値

	土壌溶出量基準 [mg/L]	土壌含有量基準 [mg/kg]	第二溶出量基準 [mg/L]
第一種特定有害物質（揮発性有機化合物 11 物質）			
四塩化炭素	0.002	—	0.02
1,2-ジクロロエタン	0.004	—	0.04
1,1-ジクロロエチレン	0.02	—	0.2
シス-1,2-ジクロロエチレン	0.04	—	0.4
1,3-ジクロロプロペン	0.002	—	0.02
ジクロロメタン	0.02	—	0.2
テトラクロロエチレン（パークレン）	0.01	—	0.1
1,1,1-トリクロロエタン	1	—	3
1,1,2-トリクロロエタン	0.006	—	0.06
トリクロロエチレン（トリクレン）	0.03	—	0.3
ベンゼン	0.01	—	0.1
第二種特定有害物質（重金属等 9 物質）			
カドミウムおよびその化合物	0.01	150	0.3
六価クロムおよびその化合物	0.05	250	1.5
シアン化合物	不検出	50	1
水銀およびその化合物	0.0005	15	0.005
セレンおよびその化合物	0.01	150	0.3
鉛およびその化合物	0.01	150	0.3
砒素およびその化合物	0.01	150	0.3
ふっ素およびその化合物	0.8	4,000	24
ほう素およびその化合物	1	4,000	30
第三種特定有害物質（農薬等 5 物質）			
シマジン	0.003	—	0.03
チラウム	0.006	—	0.06
チオベンカルブ	0.02	—	0.2
PCB	不検出	—	0.003
有機リン	不検出	—	1
その他			
ダイオキシン類	—	1,000pg-TEQ/g 以下	—
油分	現在ガイドラインのみで、基準値は定められていない。		

土対法の中で、土壌汚染の有無の判断基準として、「土壌溶出量基準」および「土壌含有量基準」の 2 つが設定されています。溶出量基準は、特定有害物質のすべての物質に設定されており、地下水環境基準と同じ値です。含有量基準は、地表付近に存在し、直接摂取の可能性がある重金属等だけに設定されています。第二溶出量基準は、汚染のレベルを規制するものではなく、措置方法を選定するための基準です。

(2) 土壌汚染対策法の仕組み

土対法の仕組みを図 2.5 に示します。汚染状況を把握するための調査を土壌汚染状況調査といい、調査を実施すべき契機として 3 つの場合が定められています（**表 2.17**）。

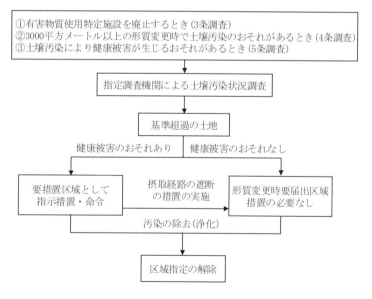

図 2.5 土壌汚染対策法の仕組み[36)]

第 2 章 各国の土壌汚染対策　65

表 2.17　土壌汚染状況調査を行う契機

調査の名称	契　機
① 3条調査	有害物質使用特定施設を廃止する場合 ─→ 事業者の調査義務による自主調査
② 4条調査	3,000m² 以上の土地の形質変更時に届出 ─→ 知事が土壌汚染の恐れがあると認めた場合は調査命令
③ 5条調査	知事が土壌汚染による健康被害が生ずるおそれがあると認定した場合 ─→ 調査命令

(3) 区域の指定

調査結果に基づく区域指定の流れを図 2.6 に示します。指定基準を超える溶出量または含有量が検出された土地を「指

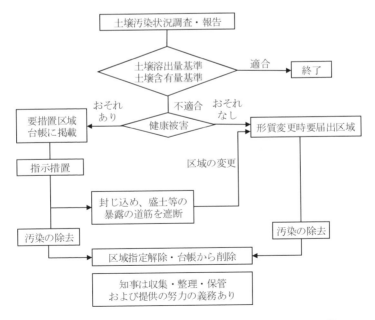

図 2.6　土壌汚染状況調査から区域の指定・措置までの流れ [37]

定区域」とし、指定されたことが公示されます。指定区域に指定されると、健康被害の発生の「おそれ」によって、**表2.18** に示すように 2 つに区分けして土壌汚染を管理します。

表2.18 指定区域の区分け

指定区域の区分	健康被害のおそれの有無
① 要措置区域	健康被害のおそれのある場合
② 形質変更時要届出区域	健康被害のおそれのない場合

2010 年の土対法の改正は、措置方法として多用されてきた「汚染の除去」から「汚染のリスク管理」への転換を図ることが最大の眼目であり、この考え方によって新設されたのが「形質変更時要届出区域」です。「要措置区域」は健康被害が生じるかあるいはそのおそれがある場合です。このように、指定区域を 2 つに分けて管理する考え方は、さしあたって健康リスクがなければ、形質を変更するときまで、そのまま土壌汚染を管理しようとするものです。定性的ではありますが、リスクの有無に基づいて措置の実施を判断するようになったことは、一歩前進といえます。

指定基準の設定

土対法では土壌汚染によるヒトの健康リスクとして**表2.19** に示す 2 つを対象としています。この 2 つのリスクに対処するため、指定基準として、土壌溶出量基準と土壌含有量基準が定められています。

表 2.19 土壌汚染対策法で考慮するリスク

リスクの種類	概　要
① 地下水摂取等リスク	汚染土壌から溶出した汚染地下水の摂取による健康リスク
② 直接摂取リスク	汚染土壌を直接体内に摂取したときの健康リスク

(1) 土壌溶出量基準の設定 [38]

溶出量基準は、耐容1日摂取量（TDI）を基にし、式(1.7)のハザード比（HQ）が、目標ハザード比（THQ＝1）の場合の化学物質の濃度（MC）として設定されています。式(1.7)についてHQ＝1とし、平均1日摂取量（AI）を表す式(1.5)において、化学物質の濃度（MC）を溶出量基準と置くことによって、土壌溶出量基準は次のように表すことができます。

$$土壌溶出量基準 = \frac{耐容1日摂取量 \times 水の寄与率 \times 平均体重}{1日の飲用水量}$$

(2.3)

単位は、土壌溶出量基準 [mg/kg/日]

耐容1日摂取量 [mg/kg/日]

水の寄与率 [—]

平均体重 [kg]

1日の飲用水量 [L/日]

溶出量基準は、水道水質基準値と同様に、人が一生飲み続けても健康に影響がないと考えられる汚染量です。2011年4月に、トリクロロエチレン（トリクレン）の水質基準が、0.03 [mg/L] から 0.01 [mg/L] に改正されました。それの

改定方法について紹介し、溶出量基準を設定する方法の理解の一助にしたいと思います。

改正にあたって収集された信頼できる資料から、トリクロロエチレンの耐容1日摂取量（TDI）は、ラットについての試験結果から、TDI＝1.46［μg/kg/日］が採用されました。このTDIを用いると、土壌溶出量基準は式(2.3)から次のように算定できます。

$$\text{土壌溶出量基準} = \frac{0.00146 \times 50 \times 0.70}{5} = 0.01 \ [\text{mg/L}]$$

計算に当たっては、平均体重＝50［kg］、水の寄与率＝70［％］、1日の飲用水量＝5［L/日］としています。トリクロロエチレンは、空気や食品からも体内に取り込まれますが、寄与率とは、トリクロロエチレン全体の摂取量のうち、水（水道水）から取り込まれる割合です。この算定結果から、トリクロロエチレンの溶出量基準値は0.01［mg/L］と設定されました。今回の改定では、わが国のライフスタイルとして入浴の頻度が極めて高いことから、入浴時における吸入および経皮暴露も考慮し、経口飲用分と合わせて、寄与率を70％としています。また、暴露水量も飲用2［L/日］に入浴時の3［L/日］を合計した5［L/日］としています。このように、算定に用いるパラメータは、有害物質の毒性とともに、生活習慣や食生活に応じて適切に設定することが重要で、パラメータの設定は結果に大きな影響を与えます。

(2) 土壌含有量基準の設定 [39]

土壌含有量基準は、ヒトが直接摂取する可能性のある表層土壌中に高濃度の状態で蓄積しうると考えられる重金属等9

物質を対象に設定されています。含有量基準は、土壌の摂食および皮膚吸収による長期的な暴露を対象にしたリスク評価に基づき、生涯摂取量が許容される摂取量以下となるときの濃度レベルとして設定されます。直接摂取としては、摂食（経口摂取）と皮膚吸収がありますが、皮膚吸収による摂取量は経口摂取量に比べて非常に小さいことから、含有量基準の設定においては皮膚吸収を考慮していません。

土壌摂食による1日当たりの重金属等の摂取量は式(2.4)で計算できます。算定にあたっては、汚染土壌上に70年（子供として6年、大人として64年）居住するものとしてリスクを評価します。算定に用いられるその他のパラメータ（デフォルト値）を**表 2.20** に示します。重金属の1日摂取量が求められれば、溶出量基準の場合と同様な考え方で含有量基準を算定することができます。

$$重金属等摂取量＝濃度 \times 土壌摂食量 \qquad (2.4)$$

単位は、重金属等摂取量［mg/日］、濃度［mg/kg］、土壌摂食量［kg/日］

表2.20 重金属等の土壌基準含有量の設定に用いられるパラメータ（デフォルト値）

暴露に関する項目	子供	大人
① 暴露期間（年）	6	64
② 生涯期間（年）	70	
③ 平均体重（kg）	50	
④ 暴露頻度（日/年）	365	365
⑤ 土壌摂食量（mg/日）	200	100
⑥ 接触1回当たりの土壌の皮膚接触量（mg/cm^2）	0.5	
⑦ 暴露する皮膚面積（cm^2）	2,800	5,000
⑧ 晴天率（−）	0.6	
⑨ 暴露頻度（回/日）	7/7	2/7

注) ⑥〜⑨は皮膚接触のためのパラメータ

指示措置 [35]

土地が要措置区域と判断された場合には、都道府県知事より示される「指示措置」を講じることが義務付けられますが、そのとき、従来多用されていた掘削除去を極力適用しないことが求められています。

(1) 地下水摂取等リスクに対する措置

地下水摂取等によるリスクを防止する措置方法の原理には次の3つが考えられます。

① 暴露管理：土壌汚染により汚染された地下水の摂取等を抑制すること。

② 暴露経路遮断：土壌に含まれる特定有害物質が周辺の地下水を汚染することを抑制すること。

③ 汚染の除去：土壌に含まれる特定有害物質の抽出・分解または当該区域から搬出すること。

土対法においては、地下水汚染に対して、実際に適用可能とされている具体的な措置方法として、汚染の程度に応じて「地下水の水質測定」の他に**表 2.21** に示す 6 つの方法を挙げています。指示措置で効果が得られないなどやむを得ない場合には、指示措置と同等以上の効果を有する措置を講ずることが認められています。

表 2.21　地下水摂取等によるリスクに対する指示措置等（地下水の水質の測定を除く）

措置の種類	第一種特定有害物質（揮発性有機化合物）		第二種特定有害物質（重金属等）		第三種特定有害物質（農薬等）	
	第二溶出量基準		第二溶出量基準		第二溶出量基準	
	適合	不適合	適合	不適合	適合	不適合
原位置封じ込め	◎	◎※	◎	◎※	◎	×
遮水工封じ込め	◎	◎※	◎	◎※	◎	×
地下水汚染の拡大の防止	○	○	○	○	○	○
土壌汚染の除去（掘削除去、原位置浄化）	○	○	○	○	○	○
遮断工封じ込め	×	×	○	○	○	◎
不溶化（原位置不溶化、不溶化埋め戻し）	×	×	○	×	×	×

【凡例】　◎：講ずべき措置（指示措置）
　　　　○：環境省令で定める汚染の除去等の措置（指示措置と同等以上の効果を有すると認められる措置）
　　　　×：選択できない措置
　　　　※：基準不適合土壌の汚染状態を第二溶出量基準に適合させた上で行うことが必要な措置

(2) 直接摂取リスクに対する措置

重金属等の直接摂取によるリスクに対する措置の基本的な考え方は、地下水摂取によるリスクの場合と何ら変わるものではありません。実際に適用可能とされている具体的な措置方法として、**表 2.22** に示す 6 種の措置方法が提示されています。これらのうち、原則として盛土が指示されますが、条件によっては他の措置方法も適用可能としています。

表 2.22　直接摂取によるリスクに対する指示措置の種類

措置の種類	通常の土地	盛土では支障のある土地[※1]	特別な場合[※2]
舗　装	○	○	○
立入禁止	○	○	○
盛　土	◎	×	×
土壌入換え （区域外土壌入換え、区域内土壌入換え）	○	◎	×
土壌汚染の除去 （掘削除去、原位置浄化）	○	○	◎

【凡例】　◎：講ずべき措置（指示措置）
　　　　○：環境省令で定める措置（指示措置と同等以上の効果を有すると認められる措置）
　　　　×：選択できない措置

※1：「盛土では支障がある土地」とは、住宅やマンション（一階部分が店舗等の住宅以外の用途であるものを除く）で、盛土して50cmかさ上げされると日常生活に著しい支障が生ずる土地

※2：乳幼児の砂遊び等に日常的に利用されている砂場等や、遊園地等で土地の形質の変更が頻繁に行われ盛土等の効果の確保に支障がある土地については、土壌汚染の除去を指示することとなる。

土壌汚染対策法の特徴

いくつかの視点から、わが国の土壌汚染対策法の特徴を、外国のそれと比較して考えてみます。

(1) 法規制の範囲

土対法の目的は国民の健康保護に限定されていますが、多くの国では、生活環境の保全、生態系の保護、土壌機能の保全などを含めることが多く、国によっては、同じ法律で汚染の未然防止までを規定しています。

(2) 規制対象物質

わが国では、政令で定められた物質による汚染だけが土対法の規制対象となり、それ以外の物質は土対法の規制対象になりません。オランダ、ドイツ、イギリスなどでは、規制対象物質を限定しておらず、基準値等が定められていない物質であっても規制の対象になります。アメリカでは土壌汚染の規制対象の有害物質が限定されています。ただ、限定されているといっても、対象物質は700種以上に上っています。

(3) 土壌汚染の定義

国によって土壌汚染の定義が異なります。わが国では基準濃度を超えたものが汚染であり、指定区域にするかどうかは基準値だけで評価しています。一方欧米では、土壌汚染とは、たとえば、イギリスの環境保護法では「深刻な害が現に引き起こされ、または引き起こされる顕著な可能性があること等」というような定義をしています。また、基準値はわが国では絶対的な判断基準ですが、欧米ではスクリーニング値であったり、一応の目安であったりします。

わが国では、土壌汚染の有無を、土壌・地下水の濃度基準

値だけで一律に判断しています。これはシンプルでわかりやすいのですが、欧米の考え方と比べた場合、むしろ特異な考え方といえるかもしれません。本来、土壌汚染によるリスクは、汚染物質の濃度だけでは判断できないからです。汚染があっても、濃度が低かったり、人が住んでいない場合など、言い換えれば暴露がなければ、リスクは生じません。また、土壌中の汚染物質が溶出して地下水に混入する可能性は、地形、地質、地下水の状況など、あるいは利用形態よって大きく異なるため、汚染地であるかどうかの判断も、個々のサイトの状況に応じて行うべきということができます。たとえば、アメリカの EPA は、濃度が一定のレベル（スクリーニングレベル）以下であれば、どのような状況であっても調査や措置は必要ないとし、スクリーニングレベルも、基準値のように一定の数値としては定められておらず、サイトの状況によって変わってきます。

(4) 土地用途別の基準

わが国では、汚染の有無をリスク評価でなく基準値によって判断するだけでなく、土地利用形態にかかわらず一律の基準で判断しています。アメリカのスクリーニング値は用途別には定められていませんが、スクリーニング値は、どのような土地であっても安全なレベルであり、これを超えたら土地の状況に応じて判断するという形をとっています。オランダでは、汚染地かどうかの判断は一律基準ですが、それを超えた場合にどこまで修復すべきかという判断基準は、用途別に定められています。

(5) 基準の利用方法

　土壌汚染にリスク評価手法を導入した経緯は国の事情で異なっています。しかし、ほぼ共通していえることは、土壌汚染問題が顕在化してきた初期の段階では、一律の基準値や画一的な措置方法を採用した結果、過剰な措置や費用の増大といった問題が生じたということです。このような問題を解決するため、より合理的な考え方としてリスク評価手法が導入されるようになりました。土壌汚染などの環境問題にリスク評価手法を活用するとき、その活用の仕方には次の2つの流れがあります。

① 基準の設定にリスク評価の考え方を導入する。
② サイトごとの措置方法をリスク評価の結果に基づいて決める。

　①については、調査の必要性を判断する（汚染の程度を判断する）基準、措置の必要性を判断する基準、措置の目標値を判断する基準が該当します。各国の基準がどのよう方法によって設定されているのかをまとめたものが**表 2.23** です。

表 2.23　各国の基準値の設定の方法 [17]

基準値の種類	米国	オランダ	ドイツ	英国	日本
調査の必要性を判断する値（汚染の可能性を判断）	LS	F	L	LS	F
措置の必要性を判断する値	S	F	L		
措置目標値		L	L		

注）　S：サイトごとの基準値
　　LS：土地利用ごとの基準値（サイトごとの基準値も認められている）
　　L：土地利用ごとの基準値
　　F：一律の基準値

オランダでは、調査・措置の必要性を判断する基準は全国一律に、措置の目標値は土地利用ごとに設定されています。アメリカでは、調査の必要性を判断する値が、土地利用ごとに設定されていますが、措置の必要性や措置の目標値はサイトごとにリスク評価を行って設定されます。ただ、調査の必要性の判断もサイトごとの評価を利用することも可能となっています。イギリスでは、土地利用ごとに設定された１つの基準値で、調査や措置の必要性を判断するのが原則ですが、サイトごとの評価を採用することもできます。ドイツでは、調査・措置の必要性を判断する値は、土地利用ごとに異なるレベルの値が設定されています。措置の目標値は通常、措置の必要性を判断する値と同じですが、サイトごとの評価を採用することも可能となっています。

第 3 章
リスク評価モデル

3.1 リスク評価モデル

暴露評価モデルの種類

　リスク評価モデルは、毒性評価と暴露評価の結果を用いて、リスクを算定する方法を定式化（モデル化）したものです。リスク評価モデルの構築においては、毒性評価に比べて、暴露評価が重要な評価事項です。本章では暴露評価モデルを中心に考察します。

　暴露評価において検討すべき要素の概要を図 3.1 に示します。暴露シナリオを設定するためには、環境媒体（土壌、地下水、大気など）の特性、受容体としてのヒトとその集団の特性を把握し、暴露経路、暴露条件、暴露パラメータなどを把握しなければなりません。暴露評価モデルに必要な情報は、調査の初期段階においては正確な情報が少なく、調査が進むにつれて詳細な情報が収集できるという特徴があります。したがって、得られる情報の量と質に応じて、暴露モデルも段階的に変わってきます。一般に、不確実で少ない情報に基づくモデルを「包括モデル」、サイトの情報量とその質が向上したときのそれを「サイトモデル」、さらに情報の量

と質が高くなった場合のものを「詳細モデル」と呼んでいます。サイトモデルや詳細モデルを作成するためには、データの量と質の向上が要求され、モデルの制度は向上しますが、情報収集とモデル作成のコストがかさむことになります。

また、モデルの種類にかかわらず、リスクの計算は、現在使用されているすべてのモデルにおいて、コンピュータプログラム化されており、計算に必要な土壌、地下水、大気等および化学物質に関するパラメータを入力することによって、見やすくわかりやすい形で結果が出力されるようになっています。

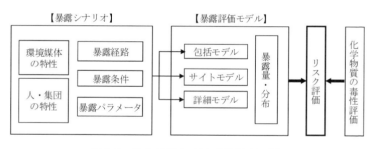

図3.1　リスク評価の流れと検討項目 [17]

(1) 包括モデル

一般に、包括モデルと呼ばれるものは、標準的な暴露シナリオを設定して暴露評価を行うモデルです。初期段階でのリスク評価では包括的モデルが適用され、受容体が汚染源の直上に存在すると仮定した暴露シナリオを設定し、汚染の最高濃度を用いて安全側のリスクを算定します。これは「包括的リスク評価」と呼ぶことができます。

欧米の環境先進国では、典型的で標準的な暴露条件や暴露パラメータを設定し、独自に開発した暴露モデルを使用して包括的リスク評価を行い、実用に供しています。包括的モデル以外のモデルも含めて、各国で現在利用されているリスク評価モデルのいくつかを**表 3.1**に示します。

表 3.1 各国のリスク評価モデル[17]（一部修正）

国　名	オランダ	アメリカ	イギリス	日本（産総研）
モデルの名称	RISC-HUMAN	RBCA Tool Kit	CLEA 2002, UK	GERAS-1,2 ,3
モデルの種類	包括モデル	包括モデル サイトモデル	包括モデル	包括モデル サイトモデル 詳細モデル
計算プログラム	あり	あり	あり	あり
開 発 年	1994	1996	2002	2005

(2) サイトモデル

サイトモデルはリスクをより正確に評価するためのものです。対象サイトの土壌や地下水の特性をはじめ、地理的条件、水理的理条件、気象的条件などのサイト特有のデータに基づいて暴露評価モデルを作成します。

(3) 詳細モデル

詳細モデルは、より詳細な調査結果に基づいて、サイトモデルの精度を高めたものです。もちろん、汎用的なものが開発されているわけではなく、状況に応じて、サイトモデルや他のシミュレーションツールを活用し、サイトごとに詳細な調査等価を行ってモデルを作成します。

暴露評価モデルに必要なパラメータ

暴露評価モデルは暴露に関するパラメータを用いて構成されます。暴露評価の精度を高めるためには、信頼性の高いデータ(パラメータ)を収集することが必要です。以下に示す各種パラメータのうち、使用する暴露評価モデルに必要なパラメータを選んで収集します。

(1) 環境に関するパラメータ

暴露評価に必要なパラメータは、モデルの種類によって異なりますが、比較的多くのモデルで使用される主要な環境パラメータを表 3.2 に示します。

表 3.2 暴露評価に必要な環境パラメータ[17]

汚染物質の特性	物性値	分子量、密度、蒸気圧、溶解度、拡散係数 等
	媒体間の特性	ヘンリー定数、オクタノール-水分配係数、土壌-水分配係数
	分解・反応の特性	半減期、分解速度定数(光分解、生分解)
環境媒体の特性	土壌	土壌厚さ、密度、水分、溶出能、吸着能、有機物量 等
	地下水	帯水層厚さ、間隙率、透水係数、飽和度、水質 等
	その他	地形、水文条件、気象条件等の一般的な環境特性

(2) 暴露に関するパラメータ

暴露評価を行う際には表 3.3 に示す暴露パラメータが必要です。とくに、ヒトの特性や暴露に関するパラメータは、暴露評価結果に大きな影響を及ぼすことから、適切で現実的な

パラメータを用いることが重要です。たとえば、子供と大人では、体重、呼吸量、皮膚面積、生活パターンなどの暴露パラメータに明確な差があります。

表 3.3 暴露評価に必要な暴露パラメータ[17]

ヒトの特性	年令、体重、皮膚面積、呼吸量、日摂取量（水、土壌）
暴露シナリオ	滞在期間（汚染地、それ以外）、暴露期間、暴露頻度
摂取の係数	土壌・皮膚係数、蒸気・皮膚係数、摂取係数（呼吸、水）
毒性基準値等	耐容 1 日摂取量、参照濃度、ユニットリスク、スロープ係数、生物利用率

3.2 リスク評価モデルのいろいろ

アメリカ RBCA のリスク評価モデル

第 2 章で述べたように、アメリカでは RAGS 指針および RBCA 指針とも、リスク評価が非常に重要な位置を占めています。ここでは、RBCA 指針で用いられているリスク評価モデルの概要を紹介します。

(1) 暴露シナリオ

RBCA に示されている暴露シナリオの一例を図 3.2 に示します。暴露シナリオとして種々の経路が考えられますが、どの経路を対象とするかは、汚染物質、サイト、受容体（ヒト）などの状況によって変わり、固定されるものではありません。図 3.2 に示す暴露経路のうちから、汚染物質と対象サイトの状況に合致した経路を選ぶとともに、他に加える経路があればそれについても検討します。RBCA では、暴露評価

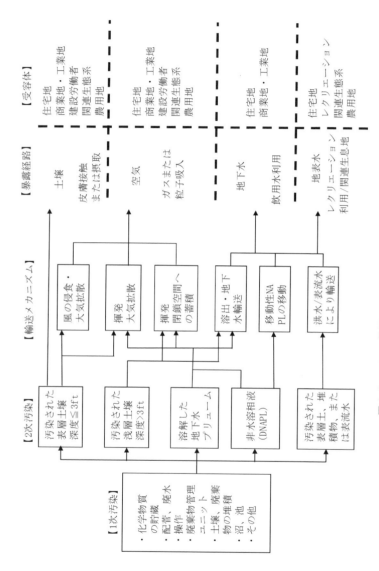

図 3.2 RBCA の暴露シナリオ（暴露経路）の例 [41]

に関する暴露パラメータあるいはデフォルト値等が、最新の知見に基づいた適切なものが整備されており、リスク評価者が選択できるようになっています。

(2) 計算に必要なパラメータ

RBCAのリスク計算のプログラムである"REBCA Tool Kit"に組み込まれている、汚染源、媒体、暴露経路の組み合わせを表3.4に、参考資料として計算プログラムに用いられている主要なデフォルト値を表3.5に示します。

表3.4 RBCAの汚染源および媒体別の暴露経路 [17]

汚染源・媒体	暴露経路
表層土壌[注1]	蒸気または土壌粒子の吸入、土壌との皮膚接触、土壌または粉塵の摂食、地下水への溶出
浅層土壌[注2]	蒸気の吸入、地下水への溶出
地下水	飲料水の摂取、空気の吸入、地表水への排出、水泳による摂取または皮膚接触(地表水)、魚の消費による摂食(地表水)、水生生物の保護(地表水)

注1:表層土壌とは地表面から設定深度までの間の土壌
注2:浅層土壌とは地下水面から表層土壌以下までの土壌

表 3.5　RBCA 指針でのリスク計算プログラムの主要なデフォルト値[17]

暴露パラメータ	単位	住宅地			商業地・工業地	
		大人	子供 1~6歳	子供 1~16歳	長期暴露	建設作業員
発がん性物質の平均期間	年	70				
非発がん物質の平均期間	年	30			25	1
体重	kg	70	15	35	70	
暴露期間	年	30	6	16	25	
揮発成分の平均期間	年	30			25	
暴露頻度	日/年	350			250	
皮膚接触暴露頻度	日/年	350			250	
水摂取量	L/日	2			1	
土壌摂食量	mg/日	100	200		50	100
皮膚の表面積	cm^2	5,800		2,023	5,800	5,800
土の皮膚接触率	—					
水泳での暴露時間	時/回	3				
水泳の頻度	回/年	12	12	12		
水泳時の水摂取量	L/時	0.05	0.5			
水泳時の皮膚表面積	cm^2	23,000		8,100		
魚の摂取量	kg/年	0.025				

オランダ CSOIL のリスク評価モデル

オランダでは、土壌汚染のリスク評価モデルとして次の 3 つのモデルが作成されています[17]。

① 　CSOIL モデル：ヒトの健康リスク評価モデル

② 　VOLASOIL モデル：揮発性物質の土壌・地下水汚染による室内空気濃度予測モデル

③ 　SEDISOIL モデル：底質によるリスク評価モデル

(1) CSOILモデル [43]

CSOILモデルは、「深刻な土壌汚染」の境界とされる介入値を算定するリスク評価モデルで、「ヒトと生態系へ深刻なリスクをもたらす濃度の有害物質が存在する」という観点から作成されています。サイトのリスクが介入値（C値）を超過すると、そのサイトでは、ヒトおよび生態系にとって受け入れがたいリスクがあると判断されます。

CSOILモデルは、土壌の性質、汚染物質の物理化学的な性質、植物による吸収特性、人体の特性、人の生活行動パターン、サイトの気候的な特性等に基づいて、標準的な人への暴露量を計算するようになっており、図3.3に示す暴露経路を考慮することになっていますが、主要な暴露経路は下記の3経路としています。

① 汚染土粒子を直接摂取する経路
② 室内の空気中の揮発性化合物を吸入する経路
③ 汚染している作物を摂取する経路

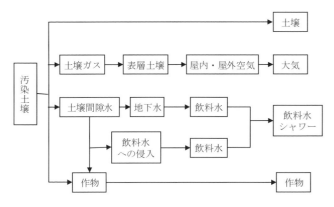

図3.3 CSOILモデルの暴露経路 [17]

一般的に、これら 3 経路での暴露量の合計が全体量の90％以上を占めるとされており、その他の暴露経路が占める割合は全体の 10％以下としています。しかし、暴露経路の検討においては、すべての経路の可能性を対象として結論を出すようにしています。

CSOIL モデルでは標準的な土地利用として次の 7 種を設定しています。①庭のある住宅、②子供の遊び場、③台所-家庭菜園、④農用地、⑤自然環境、⑥スポーツ、レクリエーションや都市公園等を目的とした緑地、⑦他の緑地、建築用地、公共用地、工業地帯。これらのうち、代表的な土地利用としての「庭のある住宅」について設定されているデフォルト値を**表 3.6**に示しておきます。

表 3.6 CSOIL モデルでの庭付住宅におけるデフォルト値 [17]

項　　目	単位	子供	大人
接触頻度	日/年	125	50
年平均土壌摂食量	mg/日	100	50
1 回当たりの接触時間	時間	8	8
室内で過す時間	時間/日	21.14	22.86
屋外で過す時間	時間/日	2.86	1.14
自家栽培の根菜を摂取する割合	％	10	10
自家栽培の葉物を摂取する割合	％	10	10

(2) VOLASOIL モデル

VOLASOIL モデルは、土壌中の揮発性物質による健康リスクをより高精度で推定するために、CSOIL とは別に作成されたものです。CSOIL による人の健康リスク評価により、措置の優先順位が高いと判断されたサイトで適用されます。VOLSOIL モデルは、地下水汚染のケースが基本シナリオであり、サイト特有の他のパラメータとともに、地下水位の変更も可能となっています。

(3) SEDISOIL モデル

前述の CSOIL モデルでは底質（水中の堆積物）中の有害物質による健康リスクは考慮されていません。底質の有害物質によるリスク評価を行う目的で SEDISOIL というリスク評価モデルが作成されており、そのモデルで考慮する暴露経路を**図 3.4** に示します。

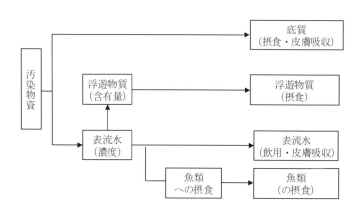

図 3.4　SEDISOIL モデルでの**暴露経路**[17]

イギリス CLEA のリスク評価モデル

(1) CLEA モデル

イギリスの CLEA モデルは、健康リスクの指針値である土壌ガイドライン値（SGVs）の算出に用いられるモデルで、次のような特徴を持っています[17]。

① 土地利用として、住宅地、分配地（市民菜園）、商業・工業地の3種についての標準シナリオが設定されていること

② 受容体（ヒト）の年齢を細かく設定し、性別、体重、皮膚面積、呼吸量、土壌粒子や市民菜園で栽培された野菜の摂取量などについて統計学的に算出されたパラメータを設定していること

③ 土壌ガイドライン値（SGVs）の設定において、暴露経路として、土壌から地下水や表流水への経路は考慮されていないこと

④ リスク評価結果を査定する者は、実際の土地利用、汚染物質の種類、敷地条件等を考慮の上、土壌ガイドライン値（SGVs）を対象サイトの評価に使用することが適切か判断するようになっており、土壌ガイドライン値（SGVs）の使用が適切でないと判断される場合は、より詳細なサイト特有のリスク評価が必要となること

(2) 考慮する暴露経路

CLEA モデルの暴露経路は、オンサイトでの暴露を評価対象とし、土地利用形態により**表 3.7**に示す曝露経路が考慮されています[45), 46)]。これらのうち、主要な暴露経路は、直接および間接的な土壌摂食、室内ダスト摂食、土壌や室内ダス

トの吸入としています。地表面下の汚染土壌から揮発成分が地表面に向かって上昇し、風による拡散移動し、建物の喚気に伴い室内に流入する経路も考慮されています。

表 3.7　CLEA モデルの土地利用と暴露経路[17]

暴露経路		土地利用 住宅地	分配地（市民菜園）	商業地 工業地
摂食	土の直接摂食	○	○	○
	室内のほこりとの直接摂取	○	○	○
	汚染した庭の自家製野菜の摂取	△	○	×
	庭の野菜についた土地の摂取	△	○	×
接触	土と皮膚の接触	○	○	○
	室内のほこりとの皮膚の接触	○	○	○
吸入	土由来のほこりの吸入	○	○	○
	室内のほこりの吸入	○	○[※1]	○
	野外での土の蒸気吸入	○	○	○
	室内での土の蒸気吸入	○	×	○

記号凡例
○：デフォルトに含まれる　△：選択可能　×：デフォルトに含まれない
※1：家への汚染土壌の持ち帰りを仮定しています。

(3)　主なデフォルト値

　CLEA モデルでは、土地利用として、住宅地、分配地（市民菜園）および商・工業地の 3 種を標準とし、ヒトのパラメータとして、年齢・性別ごとに、体重、皮膚面積、呼吸量など詳細なデフォルト値が設定されています。また、建物の種類として住宅地に平屋、2 階建て住居、商・工業地に倉庫、事務所が選択でき、土壌から地下室や建物の隙間を通じた空気経由の物質移動量を計算するために必要な建物パラ

メータが設定されています。参考資料として**表 3.8**に主要なデフォルト値を示します。

表 3.8　CLEA モデルの主なデフォルト値 [17]

	項　　目	単位	住宅地	分配地 (市民菜園)	商・工業地
受容体 特性値	体　　重	kg	7.4〜20.3	7.4〜20.3	68.5
土壌 摂食	暴露頻度	日/年	0〜1歳： 180 1〜6歳： 365	180	230
	1日当たりの 土壌摂食量	mg/日	100	100	40
接触 経路	皮膚面積	m^2	0.38〜0.80	0.38〜0.80	1.76
	皮膚への 付着率　屋外	mg/cm^2	1	1	0.07
	皮膚への 付着率　室内	mg/cm^2	0.06	1	0.14
	暴露頻度　屋外	日/年	0〜1歳： 180 1〜6歳： 365	14〜28	170
	暴露頻度　室内	日/年	0〜1歳： 65 1〜6歳： 130	0〜1歳： 180 1〜6歳： 365	230
	土壌と室内ダスト 接触時間	時間	12	12	12
揮発 成分の 吸収	暴露頻度	日/年	365	－	屋外 170 室内 230
	暴露期間	年	6	－	43
	土壌ダスト暴露時間・屋外　能動的	時間/日	1〜3	－	0.66
	土壌ダスト暴露時間・屋外　受動的	時間/日	1〜0	－	0.33
	土壌ダスト暴露時間・室内　能動的	時間/日	2〜3	－	2
	土壌ダスト暴露時間・室内　受動的	時間/日	20〜16	－	5.5
	呼吸率　能動的	m^3/h	0.222〜 0.609	－	1.234
	呼吸率　受動的	m^3/h	0.081〜 0.223	－	0.411

産総研の GERAS モデル

わが国で公開されている代表的なリスク評価モデルとして、「地圏環境リスク評価システム」(GERAS:Geo-Environmental Risk Assessment System)の概要を紹介します[48]。このモデルは独立行政法人産業技術総合研究所(産総研)で開発されたもので、ゲラス(GERAS)と通称されています。使いやすい形でコンピュータプログラム化されています。GERAS は土壌汚染によるヒトの健康リスクの算定が主目的のリスク評価モデルで、GERAS-1, 2, 3 と 3 種のモデルがあります。土壌特性をはじめとして、わが国の地質・地形特性あるいは生活習慣等を考慮したモデルで、実用的な利用を推薦できるモデルです。GERAS-1, 2, 3 とも CD-ROM の形でも公表されており、産総研ウェブサイトを通じた申し込みにより無償で配布されています[49],[50]。

(1) GERAS-1

GERAS-1 で考慮する暴露経路は、土壌の直接摂食、飲用水や農作物を摂取する経口摂取、土壌から大気中へ蒸発した化学物質や飛散した土粒子の吸入摂取および土壌や飲用水との接触による皮膚吸収となっています。土対法に比べるとかなり多くの暴露経路を考慮しています。GERAS-1 は包括モデル(スクリーニングモデル)で、汚染土地(オンサイト)の直上にヒトが生活している場合の健康リスクを評価するものです。GERAS-1 の暴露経路の概念を**図 3.5** に示します。

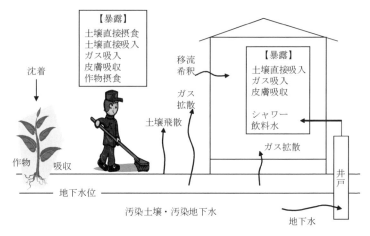

図 3.5 　GERAS-1 の暴露経路の概要

(2) GERAS-2

　GERAS-2 はサイトモデルに相当するもので、地下水および大気中の汚染物質が、地下水経由あるいは大気経由により移流・拡散し、汚染源から離れた場所（オフサイト）へ移行することを想定したモデルです。それの暴露経路の概要を図 3.6 に示します。大気経由の移行はプリューム・パフモデルにより計算し、地下水経由では自然減衰や土壌への吸着を考慮した一次元移流拡散モデルによりオフサイトの地下水濃度が決定されます。そして、計算された濃度にも基づいて地下水経由および大気経由の暴露量が算定され、リスクが評価されます。

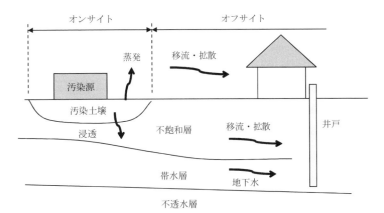

図 3.6　GERAS-2 の暴露経路の概念

(3) GERAS-3

GERAS-3 は最近（2009 年）公開されたリスク評価モデルです。対象サイトの地質調査で取得した土壌および地下水などのデータを入力することにより、さまざまな汚染物質の土壌および地下水中における時間的、空間的な分布をはじめ、汚染の広がりなどの将来予測が可能です。そのため、土壌汚染の事後の修復対策のみならず、未然防止対策の策定や最適な修復技術の選定のためにも活用できるようになっています。また、GERAS-3 を利用して修復費用の削減とリスクの低減を図ることも可能とされています。

(4) 入力デフォルト値

GERAS モデルに使用する主要なデフォルト値を**表 3.9** および**表 3.10** に示します。このようにデフォルト値を設定していますが、リスクの計算において、当該サイトから得られたデータを入力することもできるようになっています。

表 3.9 GERAS モデルで使用するヒトに係るデフォルト値 [25), 26)]

パラメータ \ 対象		大人	子供	備考等
体重 [kg]		50	15	平均 47
居住年数 [年]		64	6	合計 70 年
土壌摂取量 [mg/日]		100	200	平均値
地下水摂取量 [L/日]		2	1	平均値
暴露時間 [時間]	平日	自宅 24 屋外 0	自宅 22 屋外 2	バックグラウンド 0 時間
	休日	自宅 20 屋外 4	自宅 19 屋外 5	

表 3.10 GERAS モデルで使用する土質に関するデフォルト値 [25), 26)]

土 質	砂質土	関東ローム
土壌空気の体積分率 (-)	0.2	0.25
土壌間隙水の体積分率 (-)	0.3	0.55
土壌個体の体積分率 (-)	0.5	0.2
土壌 pH (-)	6	7
土壌温度 (K)	283	283
土壌の有機炭素含有良 (-)	0.058	0.15
土壌中の粘土分率 (-)	0.25	0.38
土壌密度 (g/cm^3)	1.2	0.52

暴露評価モデルの比較

各国の暴露評価モデルを概観してきました。各モデルで考慮することのできる暴露経路を整理したのが**表 3.11** です。

アメリカの RBCA の暴露評価モデルは、サイトのリスクを評価するために開発されました。一方、オランダの CSOIL およびイギリスの CLEA のモデルは、基準値を決定

表 3.11　暴露評価モデルで考慮されている暴露経路 [17]

	リスク評価モデル 暴露経路	米国 RBCA	オランダ CSOIL	英国 CLEA	産総研 GERAS	土対法
土壌経由	表層土壌→摂食	○	○	○	○	○
	表層土壌→皮膚接触	○	○	○	○	○
	表層土壌→屋外ダスト→吸入	○	○	○	○	×
	表層土壌→屋外ダスト→摂食	×	×	○	×	×
	表層土壌→屋外ダスト→皮膚接触	×	○	○	○	×
	表層土壌→屋外ダスト→吸入	○	○	○	○	×
大気経由	土壌→屋外空気→吸入	○	○	○	○	×
	土壌→室内空気→吸入	○	○	○	○	×
	土壌→埋設管内水→シャワー→吸入	×	○	×	×	×
	地下水→屋外空気→吸入	○	×	×	○	×
	地下水→室内空気→吸入	○	×	×	○	×
水経由	土壌→地下水→飲用	○	×	×	×	○
	土壌→埋設管内水→飲用	×	○	×	×	×
	シャワー→皮膚接触	×	○	×	×	×
	地下水→飲用※	○	×	×	○	×
植物	土壌→植物への付着→摂食	×	○	○	×	×
	土壌→植物へ吸収→摂食	×	○	○	○	×

○：考慮されている　×：考慮されていない

※：「地下水→飲用」経路は、汚染源を地下水中の汚染濃度をスタートとする暴露経路を指す。RBCA では、汚染源として土壌および地下水の二通りを設定することができ、各々別の経路として計算され、どちらか値の大きい経路をリスク評価の対象とする。

するために開発されたという大きな違いがあります。各モデルで考慮すべき暴露経路は、それぞれ作成の目的が違うためか、重要視する暴露経路にも違いがあります。そのため、同

一のサイト条件を用いて暴露評価を行っても、評価結果に大きな違いが出てくる場合があります。既存のモデルの中身を吟味せずにそのまま用いることには問題がある場合もあるので注意が必要です。

　媒体別に各モデルの特徴を比較すると、以下のようなことがいえそうです[25]。

① 土壌経由の暴露による経口摂取は、どのモデルでも同じ暴露算定式を用い、計算結果もほぼ同じような結果となります。一方、皮膚吸収と土壌粒子の吸入については、暴露量の算定式がモデルによって異なり、計算結果にも大きな差が出ます。

② 大気経由の暴露については、暴露経路の選択肢に差があるとともに、暴露モデルについても大きな相違があります。たとえば、汚染源の深さや減衰、建物の基礎および床下部分の構造と、そこを通過する空気の流れをどのように考慮するかの違い等です。

③ 水経由の暴露についても大気経由と同様に、暴露経路の選択肢がモデルごとに異なっています。この違いには、オランダの CSOIL のように基準値設定のためのモデルとして土壌濃度に対するリスク評価に重点を置くか、あるいは、アメリカの RBCA のように汚染土壌と汚染地下水とによるサイト全体のリスク評価に重点を置くかという違いも影響していると考えられます。

第4章
これからの土壌汚染対策のあり方

4.1 基本的な考え方

合理的な土壌汚染対策の必要性

　わが国においても、環境に関係する各種の基準類の多くは、健康リスク評価に基づいて設定されています。また、土対法における指定区分の区分けあるいは指定措置の選定についても、リスク評価およびリスク管理という考え方が、定性的ではありますが導入されています。しかし、現場での土対法の運用において、上述のような考え方がうまく機能しているかといえば、そうとは言えそうにありません。

　定量的なリスクを考慮しないで、一律基準で汚染の有無を決める方式は、単純明快でわかりやすく、調査等のコストも低く済むという利点を持っています。しかし本来、土壌汚染によるリスクは、汚染物質の濃度だけでは判断できないはずです。汚染があっても、濃度が低かったり、人が住んでいない場合など、言い換えれば暴露がなければ、リスクは生じません。しかし、一律方式では、基準値を1%上回っていても、健康リスクや土地利用等に関係なく、指定区域に指定されます。そのうえ、措置にあたっては、指定措置にかかわら

ず、「ゼロリスク」とするための汚染の「除去措置」が講じられることが非常に多く、なかでも、コストの高い「掘削除去」が行われる場合が大部分を占めています[51]。措置のための高額な費用が汚染原因者や土地所有者にとって大きな負担となっており、結果として、土地の流動化を阻害する１つの原因となり、経済発展の足かせになる可能性があります。

　なぜこのような状況が生じるのでしょうか。原因の１つとして、土壌汚染の健康リスクを評価し、それに基づいてリスクの削減を図るとともに、残されたリスクをきちんと管理していくという概念（考え方）が、国民の間に定着していないことが挙げられます。原因の第２は、対策の過程において、リスクに基づく判断事項の基準がかなり定性的であり、納得のいく説明がなされていないことではないでしょうか。リスクコミュニケーション等において、「リスクは小さい、あるいは、リスクの懸念はない」と言われても、どのくらい小さいのか、本当に懸念がないのか、というようなことについて具体的で定量的な説明がなされない場合が多くみられます。定性的な説明ではかえって不安は大きくなるでしょう。

　上記のような土壌汚染の負の影響を防ぐには、汚染土地に関する正確な情報を収集し、得られた情報（データ）をよく分析評価するとともに、汚染物質の性質をよく理解して、定量的なリスク評価を行い、その結果に基づき、関係者が納得する合理的な措置を行って、土壌汚染のリスク管理を図っていく必要があります。そして、そのことを国民の間に広く公開するとともに、実際の土壌汚染への対処時に、住民、土地所有者、関係技術者をはじめとして、当該土壌汚染対策に関

リスク評価の活用

　前述のように、土壌汚染対策の進め方として、サイトの条件を取り込んだリスク評価を行い、その結果に基づいてサイトごとに「措置目標」を設定して汚染のリスクを管理していくのが、国民が納得しうる合理的な方策ということができます。このような土壌汚染対策を実現するためには、以下に示すようなリスク評価とその結果の活用が必要となります。

① 措置実施前のサイトの土壌汚染の現況リスクを評価する。

② 現況リスク評価結果に基づいて、措置の要・不要の境界である許容レベル（スクリーニングレベル、措置目標レベル）を設定する。

③ サイトのリスク評価結果が許容レベルを超えない場合には「それ以上の調査や措置は不要」という結論を出せるような仕組みを作る。

④ サイトのリスク評価結果が許容レベルを超える場合の措置目標を設定する方法を決める。

⑤ 措置目標を達成するための措置方法の選択においては、措置方法を複数抽出したうえで、種々の観点から措置方法を決定する。

⑥ 措置実施後に汚染土壌が残存する場合のリスク管理の方法を策定する。

⑦ 新規のリスク評価モデル作成の必要性を検討し、必要ならば新しいリスク評価モデルを開発する。

CSCS の提案

以上のような考え方とリスク評価の活用を考慮し、これからの土壌汚染対策のあり方として、**図4.1**に1つの枠組を示します。ここでは、便宜上、この土壌汚染対策の枠組をCSCS（クスクス）と呼ぶことにします。CSCS は"Contaminated Soil Corrective System"の略称で、日本語では「汚染土壌の修復システム」というものです。以下、**図4.1**の流れに沿って、各段階での内容について検討します。

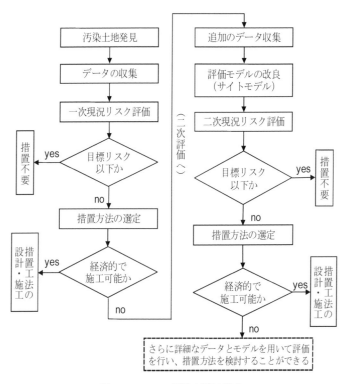

図 4.1　CSCS 汚染対策の流れ

4.2 データの収集

暴露に関するデータの収集

　汚染土地が発見されたら、はじめに、その土地の地歴に関する資料や土壌汚染に関する調査等によって、現況リスク評価に必要なデータを収集します。データの収集は、土対法に定める土壌汚染状況調査および詳細調査あるいはこれらに類する方法によって行うことができます。取得できなかったデータについてはデフォルト値を使用することになります。

　現況リスク評価に用いるデータは、用いるリスク評価モデルによって違いがありますが、一般的には**第2章**の**表2.4**に示すようなデータの収集が必要です。また、現地の状況をより正確に表すサイトモデルの構築には**第2章**の**表2.5**に示すようなデータを収集する必要があります。これらの中から、用いるリスク評価モデルに必要なデータを選定して使用します。

汚染物質の毒性に関するデータの収集

　汚染サイトの土壌中に存在する多くの化学物質のリスクを一度に評価することはできませんので、優先的に実施すべき化学物質を選定しなければなりません。リスク評価の対象とすべき化学物質の選定の際には、「毒性が強く、かつ暴露量が多い化学物質」から優先的にリスク評価を実施するのが普通です。

　個々の化学物質の特性や毒性のレベルは「化学物質安全性データシート」（MSDS：Material Safety Data Sheet）などか

ら得ることができます[5]。MSDS は、化学物質や化学物質が含まれる原材料などを安全に取り扱うために必要な情報を記載したもので、PRTR 制度[6]の指定化学物質を指定の割合以上含有する製品を事業者間で譲渡・提供するときに、MSDS の提供が義務化されています。

4.3 現況リスク評価

現況リスク評価は一次現況リスク評価（一次評価）および二次現況リスク評価（二次評価）の2段階で実施します。

一次現況リスク評価（一次評価）

一次評価は包括モデルによって行うのを原則とします。一次評価では最も危険な暴露シナリオ想定します。たとえば、対象土地の中で最も高い濃度を用い、かつ、受容体（ヒト）がその高濃度の地上に存在すると仮定した場合などです。包括モデルを用いた一次評価は、少ない不正確なデータを用いて、安全側のシナリオを想定するので、データ収集のコストは低く抑えられますが、達成すべき措置目標が非常に高くなり、高度のそして広範囲にわたる措置が必要であり、措置工事のコストはかさむことになります。

リスクの目標レベルは、わが国で一般的に用いられている、**表**4.1の条件の下で算定されるリスクとします。

表 4.1　リスクの有無の判断基準

	目標レベル（判断基準）	備考
非発がん物質	ハザード比（HQ）< 1	リスクの懸念なし、安全
発がん性物質	発がんリスク（CR）< 10^{-5}	過剰発がんは10万人に1人以下

　一次評価でのサイトのリスクが、目標レベル以下の場合には、一次評価の結論は「措置不要」となります。この時点で一次リスク評価は終了します。目標レベルはリスクベースのスクリーニングレベルであるとともに措置レベルでもあり、これらの関係を図 4.2 に示します。

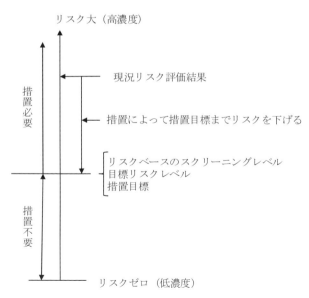

図 4.2　現況リスクと目標リスクレベル等の関係

一方、サイトのリスクが目標レベルを上回り、「リスクの懸念あり、危険」と判定された場合には、目標レベル（措置目標）を達成するために措置方法の選択に進みます。措置方法の選択においては、複数の措置方法を選択肢とし、技術的な可能性、コスト的な有効性、実行の可能性等を勘案し、最終的に1つの措置方法を選定します。選定された措置方法によって、リスクが許容範囲内に収まれば、選定した措置工事の設計・施工に進みます。

　選定された措置方法が、技術的に実行が不可能な場合、あるいは、費用対効果の観点からコスト的に非常に不経済の場合などにおいては、さらに詳しいデータやサイトの特性を取り入れたサイトモデルを用いる二次評価に進みます。以上のように、一次評価の結論は次の3つのどれかになります。

① サイトのリスクが目標レベル以下であれば、「措置不要」と結論し、一次評価は終了します。

② サイトのリスクが目標レベルを超えた場合には、目標レベルを満たし、かつ経済的で施工可能な措置方法を決定し、設計・施工に移ります。

③ サイトのリスクが目標レベルを超えているが、経済的で施工可能な措置方法を選定しえない場合には二次評価に進みます。

二次現況リスク評価（二次評価）

　二次評価では、サイトの特性を取り込んだ評価モデル（サイトモデル）を用いるとともに、さらに詳細なデータを収集し、より現実的なシナリオに沿って現況リスク評価を実施し

ます。二次評価についても、一次評価の場合と同様に、サイトのリスクが、目標レベル以下であるならば、「措置不要」という結論になります。サイトのリスクが目標レベル以上ならば、目標レベル達成のための具体的な措置方法の検討に入ります。措置方法の選定やその後の流れは一次評価の場合と同様に行います。したがって、二次評価の結論は次の3つのどれかになります。

① サイトのリスクが目標レベル以下であれば、「措置不要」と結論し、二次評価は終了します。
② サイトのリスクが目標レベルを超えた場合には、目標レベルを満たし、かつ経済的で施工可能な措置方法を決定し、設計・施工に移ります。
③ ①および②の結論が得られない場合には、さらに詳細なモデルやデータを用いてリスク評価を実施し、目標リスクを満たす措置方法の選定を行うこともできます。しかし、従来の経験から、このような状況はめったに起こらないと予測されます。

リスク評価モデル

ここで提案した CSCS での現況リスク評価に使用するリスク評価モデルについては、新しく開発することも考えられます。しかし、**第3章**で述べたように、多くのリスク評価モデルがすでに開発され、実務に供されています。これらのリスク評価モデルには、それぞれ開発された経緯や目的があり、一長一短のあることもわかっています。各リスク評価モデルの特徴は、一般社団法人土壌環境センターの研究報告書に詳

しく解説されています[25]。

　この報告書での検討は、汚染サイトの条件および土地利用を設定し、代表的ないくつかのリスク評価モデルを用いて、実際の汚染サイトのデータを入力して結果を解析したケーススタディ研究です。結果を総合的に考察すると、いずれのモデルも CSCS による現況リスク評価に利用することは可能です。しかし、各モデルは固有の目的をもって開発されており、計算モデルや設定可能なパラメータの範囲などが異なっています。当初の開発目的以外の用途に利用する場合には、利用者の責任で各モデルの細部を理解し、対象サイトに応じた暴露シナリオの設定やパラメータ等の吟味を行う必要があります。また、各種のパラメータの単位等が国によってまちまちであったりします。十分に注意して用いないと不正確な結果をもたらす可能性があります。

　以上のような検討結果を勘案すると、現段階においては、独立行政法人産業技術総合研究所の地圏資源環境研究部門グループによって開発された GERAS（Geo-Environmental Risk Assessment System：地圏環境リスク評価システム）が、わが国の実情を考慮していて利用実績も多く、最も使いやすく適用可能なモデルであり、推奨したいと思います[49],[50]。モデルの概要は**第 3 章**に示しました。

　GERAS の活用にあたっては、**第 3 章の表 3.9 や表 3.10** に示したようなデフォルト値が、また、**第 2 章の表 2.20** のようなデフォルト値が用いられています。対象汚染土地のデータが得られない場合には、これらのデフォルト値を用いて、暴露評価およびリスク評価を行うことができます。

4.4 措置目標の設定

措置目標レベルは、一次評価と二次評価で異なった値となりますが、入力するパラメータが異なるからです。考え方と算定方法は同じです。なお、措置目標はリスクベースのスクリーニング値（RBSLs）でもあり、リスクと濃度レベルの関係は、スクリーニングレベル＝目標レベル＝措置目標レベル＝受け入れ可能リスクあるいは濃度（許容濃度）、となります。以下において、2 つの場合の措置目標の設定例を紹介します [40]。他の化学物資や暴露シナリオについても考え方や算定方法は同じです。

非発がん物質の経口摂取での措置目標

非発がん物質で汚染された水（地下水）を経口摂取した場合の措置目標の設定方法について考えます。**第 1 章**で示したように、非発がん物質の平均 1 日摂取量（AI）は式(1.5)で表され、ハザード比（HQ）は式(1.7)で表されます。式(1.5)および式(1.7)において、汚染物質の濃度（MC）を措置目標と置き、ハザード比（HQ）を目標ハザード比（THQ＝1）と置くと、措置目標は式(4.1)のように表すことができます。

$$\text{措置目標 [mg/L]} = \frac{\text{THQ} \times \text{TDI} \times \text{BW} \times \text{AT}_n \times 365}{\text{IR} \times \text{ED} \times \text{EF}}$$
(4.1)

ここに、THQ：目標ハザード比［－］（THQ＝1 とします）
　　　　TDI：耐容 1 日摂取量［mg/kg/日］
　　　　BW：体重［kg］

ATn：有害物質への暴露期間［年］
IR：水(地下水)摂取量［L/日］
ED：暴露期間［年］
EF：暴露頻度［日/年］

例として、トルエンで汚染された水（地下水）を飲用した場合の措置目標を、次のパラメータを用いて算定します。THQ＝1、TDI＝0.2［mg/kg/日］、BW＝70［kg］、ATn＝30［年］、IR＝2［L/日］、ED＝30［年］、EF＝350［日/年］とすると、措置目標は次のように求めることができます。

$$措置目標 = \frac{1 \times 0.2 \times 70 \times 30 \times 365}{2 \times 30 \times 350} = 7.3\,[\mathrm{mg/L}]$$

このサイトにおいては、トルエンについての措置目標は7.3［mg/L］なので、地下水のトルエンの濃度がこれより低ければ措置は必要なく、高ければ何らかの措置を考えなければなりません。

発がん性物質の吸入摂取での措置目標

この場合は以下のような考え方で措置目標を設定します。発がん性物質の生涯平均暴露濃度（LAC）は式(1.4)で表され、吸入暴露の場合の発がんリスク（CR）は式(1.8)で算定できることを示しました。前記の非発がん物質の経口摂取での措置目標の場合と同様に、発がん性物質の吸入暴露での措置目標は次のように表すことができます。

$$措置目標\,[\mathrm{mg/m^3}] = \frac{\mathrm{TR} \times \mathrm{AT_c} \times 365}{\mathrm{UR} \times \mathrm{ED} \times \mathrm{EF}} \quad (4.2)$$

ここに、TR：目標リスク［－］（わが国では 10^{-5} が用いられています）

AT_c：発がん性物質への暴露期間［年］（寿命 70 年が用いられます）

365：1 年間の日数［日/年］

UR：ユニットリスク［$(mg/m^3)^{-1}$］

ED：暴露期間［年］

EF：暴露頻度［日/年］

ユニットリスク（UR）に代えて発がんスロープ係数（SF）を用いて措置目標を設定する場合には、次のように表すことができます。

$$\text{措置目標 [mg/m}^3] = \frac{TR \times BW \times AT_c \times 365}{SF \times IR \times ED \times EF} \quad (4.3)$$

ここに、SF：スロープ係数［$(mg/kg/日)^{-1}$］

BW：体重［kg］

IR：空気吸入量［$m^3/日$］

ベンゼンで汚染された空気を吸入する場合の措置目標を考えてみます。暴露期間中ベンゼンの濃度は一定とし、その他のパラメータとして、$TR=10^{-5}$、$BW=70$［kg］、$ATc=70$［年］、$IR=20$［$m^3/日$］、$SF=0.029$［$(mg/kg・日)^{-1}$］、$ED=30$［年］、$EF=350$［日/年］を仮定すると、ベンゼンの吸入暴露での発がん性物質に関する措置目標は次のように算定できます。

$$\text{措置目標} = \frac{10^{-5} \times 70 \times 70 \times 365}{0.029 \times 20 \times 30 \times 350} = 0.294 \times 10^{-2} \text{ [mg/m}^3]$$

空気中のベンゼンの措置目標は上記のようですので、この値より高い濃度の場合には何らかの措置が必要となります。

4.5　措置方法の選定

措置方法選定における考慮事項

措置目標が設定されたら、その目標を達成するための措置方法の選定に進みます。選定は複数の措置方法の中から最適なものを選びます。措置方法の選定においては、リスク評価の結果を考慮することも大切ですが、むしろ定性的な評価による場合が多くなります。措置方法の妥当性を検討するための考慮事項として次の項目を挙げることができます。

① 　措置目標レベルを満たし、人の健康が保護されるか
② 　短期的だけでなく、長期的な効果の永続性があるか
③ 　技術的に可能で、施工（措置工事）は実施できるか
④ 　土地利用や再開発計画との調整ができているか
⑤ 　費用対効果からみて（経済的に）妥当か
⑥ 　担当の行政部門の承認が得られているか
⑦ 　周辺住民や関係者の承認が得られているか
⑧ 　その他の条件や特記事項

措置方法の種類

土対法では、すでに示したように、地下水摂取等リスクに対する 6 種類の指示措置（**表 2.21**）および直接摂取リスクに対する 5 種類の指示措置（**表 2.22**）を定めています。汚染調査によって土地が要措置区域と判断され、健康リスクの

おそれのある場合には、都道府県知事より示される指示措置を講じることが義務付けられています。指示措置として定められている方法そのものは標準的であり、設計や施工において問題になることはほとんどありません。

CSCS においても、措置としては土対法に示されている方法をそのまま採用することができます。しかし、都道府県知事からの措置方法の指示を待つのではなく、リスクの程度を考慮しつつ、前述の考慮事項を勘案して措置方法を選定します。定性的な項目によって措置方法を選択するとき、**表 4.2** に示すような形で比較検討すると、よりわかりやすくなります。

表4.2 措置方法選択のための検討表の例

	A案	B案	C案	D案
① 措置目標レベルをクリアーし、人の健康が保護されるか	◎	◎	○	×
② 短期的だけでなく、長期的な効果の永続性があるか	◎	◎	◎	○
③ 技術的に可能であり、施工（措置工事）は実施できるか	○	○	○	◎
④ 土地利用や再開発計画との調整ができているか	○	◎	×	○
⑤ 費用対効果からみて妥当なコストか	◎	◎	○	×
⑥ 担当の行政部門の承認が得られているか	◎	◎	◎	△
⑦ 周辺住民や関係者の承認が得られているか	◎	◎	◎	△
⑧ その他の条件や特記事項	−	−	−	−
総合評価	◎	◎	○	×

凡例　◎：優れている　○：良い　△：あまり良くない　×：不可

措置効果の維持管理

　措置完了後においても、汚染物質が残留する方法を選定した場合には、措置の効果が長期的に継続されなければなりません。そのため、措置の効果が低下しないように適切に維持管理する必要があります。一般に、措置工事完了後の土地の維持管理は次の2つに分けることができます。

① 技術的な維持管理
② 制度的な維持管理

　維持管理の制度面において重要なことは以下のようになります。措置完了後は、土地の所有者等がその効果が持続しているかどうかを定期的に点検し、措置にかかわる構造物の損壊のおそれがあると認められる場合には、速やかに損壊を防止するために必要な措置を講ずるなど、措置の効果の維持に努めることが必要になります。このことは、環境省のガイドラインにおいて、措置の効果の維持（点検の不法と異常時の対応）として詳しく解説されています[35]。要点をまとめると次の3項目に集約できます。

① 点検方法および点検頻度は、措置を実施した区域の状況を考慮した適切なものとすること。
② 大雨や地震等によって、措置の機能が失われる可能性のある異常時にも被害状態を確認し、損壊が生じている場合には速やかに修復すること。
③ 措置の点検結果等については、土地の所有者等が適正に保管し、所有者等の変更等が生じる場合には、保管している点検記録等を承継すること。

おわりに
——リスク情報と人間社会——

　リスクベースの土壌汚染対策に限らず、現在のリスク社会においては、いろいろな場面での議論や行動をより有効にするためには、「リスクに基づく意思決定」が重要になると思います。そのために、リスクとは何か、その定量的評価をどう進めるか、その結果をどのように意思決定につなげるか、これらの問題を、土壌汚染対策を引き合いにして考えてきました。ここでは、本文の中で触れることができなかった、リスクやリスク情報が、人々の思考や行動にどのような影響を与えるのか、といったリスクと人の心の動きや行動の関係にについて考えてみます。題名は「リスク情報と人間社会」としておきます。いくつかの事例や事件が取り上げられますが、これらの事例を土壌汚染に置き換えて考えることができると思います。土壌汚染に関する問題も、アメリカのラブカナル事件あるいはシリコンバレーの有機溶剤汚染事件にかかわるリスク情報としてわが国にもたらされ、個人や社会に大きな影響を与えたからです。

リスク情報がもたらす混乱
　何年か前になりますが、ダイオキシンや環境ホルモン（内分泌かく乱物質）、BSE（牛海綿状脳症、狂牛病）にインフ

ルエンザ等々にまつわるさまざまな事件が日本の社会を揺るがせました。これらに共通する特徴は、話題になった時点では被害者が出ていないか、あるいは、出ているとしてもその程度がはっきりしていないことです。被害が明らかになっていない時点で、将来の被害を予測し、対策を立てて被害を抑えようとする行動がリスクマネジメントです。上記の社会の動揺はリスクマネジメントの過程において引き起こされた事例です。

　これらの事件を通して明らかになったことが1つあります。それは、被害そのものではなく、被害予測についての情報すなわち「リスク情報」が人々に不安をもたらし、これによって、個人レベルにととまらず、社会全体に大きな影響が引き起こされたということです。

　マスメディアが大騒ぎになったからといって、小さなリスクに巨額の予算を投入し、一方、自明すぎて話題になりにくいために、大きなリスクがあるのに、その対策に必要な資源（資金や人）が向けられないということになると、社会の大きな損失となります。予算や人員、時間といった社会的資源は有限であり、リスクの大きさに応じてそれを適切に配分することが重要です。

リスク情報はなぜ大きな影響を与えるのか

　被害状況を目にするわけでもないリスク情報に対して、人びとの不安が高まり、過剰に反応し、大きな波紋が広がり、社会が混乱するのはなぜでしょうか。それには種々の理由があると思われますが、主な理由として、次の3点に注目した

いと思います。

　第1点はマスメディアの情報提供のあり方です。すべてではありませんが、必要以上にセンセーショナルにリスク問題を取り扱い、人々の不安をあおるような記事や番組がないわけではありません。しかし、報道スタイルにかかわらず、リスク問題の性質を考えると、情報の受け手が混乱し、場合によっては極端な行動に走ったりする人が出るのも無理ないと思われるし、やむを得ない場合も多いと思います。

　第2点は、専門家によるリスク表現と専門家内の対立を挙げることができます。リスク情報は、マスメディアが勝手に報道しているのではなく、ほとんどの場合、科学的な根拠や専門家のコメントを伴ったかたちで報道されています。つまり報道の背景には科学者や専門家が存在しているのであり、メディア報道がもたらす不安や混乱は、実は、マスメディアを通して専門家がもたらしているとみることもできます。

　第3点は、リスク情報を受け取り、解釈する個人の心の仕組みにあります。とくに、マスメディアの報道スタイルを考えると、心の仕組みがリスクを過大視させ、大きな不安を抱かせる方向に働くことになります。

リスクを過大視する私たち受け手の問題

　リスク情報はマスメディアや専門家などから発信され、私たち個人や広く社会が受け取ります。リスク問題が過大視されて拡大していくのは、マスメディアの報道スタイルや専門家の対立以外に、リスク情報を受け取る私たちが勝手にリスクを過大視し、不安に陥ってしまうという側面もあります。

付表1　リスク認知を構成する2つの因子

因　子	リスクの性質についての評価
恐ろしさ	コントロールは困難か 世界的惨事となりうるか 致死的なものか 不平等にふりかかるか 将来世代への影響は高そうか 消滅することは難しいか 増大しつつあるか 非自発的にさらされるか
未知性	観察できないものか さらされている人にもわからないか 遅れて影響が現れるか 新しいものか 科学的にもよくわかっているか

　付表1を見てください。一般の人がリスクを認識する第1の因子は、「恐ろしさ因子」と呼ばれます。たとえば、原子炉の事故に多数の人は恐ろしいという感情を引き起こされますが、この恐ろしいという評価は、次世代へも悪影響が持ち越され、多くの死者を出すポテンシャルがあり、そうなったら現在の科学技術でコントロールするのは難しく、世界的に被害が広がる、しかも、そこにいるというだけで被害に遭うのであって自分の意志で回避することが難しい、という原子炉事故についてのさまざまなイメージと1つになっているのです。

　第2の因子は「未知性因子」と呼ばれるものです。BSEのリスクに当てはめてみると、感染していることが認識できない、感染した場合には、潜伏期間を経てから発症し、しか

も、未経験の新規なリスクであること、科学的にも感染のメカニズムはよくわかっていないこと等々によって、BSE は未知因子についても印象の強い疾病といえます。

以上のように、恐ろしさ因子、未知性因子の諸項目に適合するような印象を強くもたれる災害には、科学的評価では大きなリスクでなくとも、私たち一般の人にとってはリスクの大きさは過大なものに感じられてしまいます。

安全と安心の相関関係

一例を考えてみます。豪雨により河川の水位が上がり、これ以上降り続けると決壊するかもしれないという状況にいる住民は、強い不安を感じます。現実としての危機が心の状態としての不安をもたらしています。しかし、決壊を免れ、雨が弱まって水位が下がり出すと安心できるようになります。これは、安全になることが安心をもたらしています。安全と安心が連動している状況です。

ところが、リスク分析によって災害をコントロールしようとする場合は違ってきます。なぜなら、リスク論的方法の真骨頂は、現時点では顕在化していない将来の災害をコントロールしたり、これまで把握できていない災害因子を同定して、その影響の大きさを明らかにすることにあるからです。

たとえば、ダイオキシンのリスク評価も、放っておけば、それによってどれくらいの人が障害を負ったり、がんになるかわからないことについて分析し、影響の大きさを探ろうとするものです。このように、リスク分析には、放っておけば気づかなかったであろう将来の危険を探し出したり、あるい

は、顕在化しにくい現在の被害をわざわざ掘り出してみてみようとする面があります。

　つまり、リスク情報は、先々の災害を抑えるために生み出され、将来の安全を高めるのに有効ですが、現時点では安心ではなく、むしろ不安をもたらすことになります。リスク分析は不安をもたらすからよくないというのではありません。逆に、先の被害を見越して事前に手を打ち、被害規模を抑えようとするのは、災害に直面してあたふたするよりもずっとすぐれた姿勢といえます。リスク情報は、本質的に不安をもたらしやすいということを理解しておくべきです。しかも、マスメディアの報道姿勢、専門家集団の意見の不一致、私たちの情報処理の特性、などが一層不安を高める方向に働くのです。

リスク情報は安全と安心を同時にもたらすか
　近年、「安全・安心社会の構築」あるいは「安全で安心な環境の実現」というような、安全と安心がセットになったフレーズをよく見聞きします。一般的には、安全という言葉は、事故や災害が起こらない「現実の状態」を表現するときに使われ、安心という言葉は事故や災害についての不安や心配がないという「心の状態」を表現するときに使われます。事故や災害が皆無となる世界や、不安や心配のない社会や人生というのは考えにくいので、安全・安心社会の構築といっても、実際には、災害の件数や規模が現在より抑えられ、なおかつ、人々の抱く不安も小さなものとなる、そんな社会を目指すことになります。

安全と安心は別であることに加えて、両者は必ずしも連動していません。もし、災害が減少し世の中が安全なるにつれて、人々の不安も取り除かれ、安心も高くなるのであれば、両者をセットにする必要などありません。行政や企業は、単に安全だけを高めれば、人々の安心がついてくるはずです。しかし、実際にはそうはいきません。だからこそ、安全とは別に、安心もうたっているのです。行政や企業の立場では、安心という心の状態にアプローチできなければ、政策や商品への支持につながらず、安全を高めるだけで満足しているわけにはいかないのです。

　では「安全・安心な社会は構築できるのか」という問いの答えは「できない」となりそうです。リスク情報は将来の安全を高めるのに貢献しますが、現時点の不安を高めるからです。しかも今後、さまざまな分野でリスクの考え方に基づいた取組みが提案されるならば、一層不安のもとを作り出すことになります。リスク分析が多くの分野で導入されるということは、世の中のいろいろの分野に次々と信号機や標識が設けられ、それらが黄色に点灯したり、赤点滅するようなものです。リスク情報の共有によって、安全は高まりますが、安心できなくなる社会となるでしょう。しかし、このような状況は喜ばしいことと言えるかもしれません。なぜなら、人々が安心してしまうと安全は失われてしまうからです。

　人々がリスク情報に反応し、不安を高めてしまうのは、ある程度やむを得ないことです。しかしながら、リスク管理のシステムがしっかりと機能し、災害を減少させていると感じられることは、個々のリスク情報による不安を超えたレベル

で安心感をもたらすでしょう。そしてリスク管理システムへの安心を得るためには、リスク管理に責任を負う行政や企業への信頼が維持されていることが重要です。

　最後になりますが、ここ（おわりに）で取り上げた話題や内容は、主として、中谷内一也氏の「リスクのモノサシ」[52]を参考にさせていただきました。

2015年7月

木暮　敬二

参考文献・資料

1) 吉田喜久雄、中西準子：環境リスク解析入門（化学物質編）、東京図書、2006
2) 岩沢宏和：リスクを知るための確率・統計入門、東京図書、2012
3) 経済産業省製造産業局化学物質管理課：化学物質のリスク評価のためのガイドブック（入門編、実践編、付属書）、2007
4) 花井荘輔：化学物質で考える、リスクってなんだ？、丸善、2006
5) 特別民間法人中央労働災害防止協会：化学物質の管理、
   http://www.jisha.or.jp/
6) 経済産業省製造産業局化学物質管理課：化学物質排出把握管理促進法、PRTR 制度、
   http://www.meti.go.jp/policy/chemical_management/law/prtr/index.html
7) 独立行政法人製品評価技術評価機構 化学物質管理センター：化学物質のリスク評価について—よりよく理解するために—、
   http://www.safe.nite.go.jp/shiryo/yoriyoku.html
8) 独立行政法人製品評価技術基盤機構 化学物質管理センター：初期リスク評価書および概要、
   http://www.nite.go.jp/chem/risk/riskhykdl01.html
9) 独立行政法人国立環境研究所：化学物質環境動態モデルデータベース、http://anzenmon.jp/page/1732
10.) 一般法人産業環境管理協会：METI-LIS モデル ver.2.03 プログラム、http://www.jemai.or.jp/ems/meti-lis.htm
11) 環境省環境リスク評価室：化学物質の環境リスク初期評価ガイドライン、化学物質の環境リスク評価、
    http://www.env.go.jp/chemi/report/h18-12/、
12) 独立行政法人産業技術総合研究所ほか：詳細リスク評価テクニカルガイダンス、概要版、
    http://unit.aist.go.jp/riss/crm/mainmenu/1-0-1.html
13) 花井荘輔：はじめの一歩！ 化学物質のリスクアセスメント、図と

事例で理解を広げよう、丸善、2003
14) T.F.ナス、萩原清子：費用・便益分析―理論と応用―、けい草書房、2007
15) 東海明宏：環境リスクの評価と管理、サイト概念モデルによるリスク評価手法に関する講演会講演資料、地盤環境技術センター、2009
16) U.S,EPA：Risk Assessment Guidance for Superfund（RAGS）Human Health Evaluation Manual, Part C Chapter1-Introductuion.1991
17) 一般社団法人土壌環境センター編：実務者のための土壌汚染リスク評価活用入門、化学工業日報社、2008
18) U.S.EPA：Soil Screening Guidance, User Guide, EPA/540 /R95/128, 1996
19) U.S.EPA：Soil Screening Guidance, Technical Background Document, EPA/540/R95/128, 1996
20) U.S.EPA：Risk Assessment Guidance for Superfund（RAGS）Human Health Evaluation Manual, Part A-Volume 1 Interim Final, EOA-540-1-89-02,1989
21) American Society for Testing and Materials International：ASTME 1739-95 Standard guide for risk-based corrective action applied at petroleum release sites,1996
22) 協同組合地盤環境技術研究センター編：RBCA―リスク評価に基づいた修復措置についての研究―、2006
23) 一般社団法人土壌環境センター編：RBCA によるサイトアセスメントの検討（その1）、―土壌汚染による環境リスクの評価手法―、2003
24) 住友海上リスク総合研究所：RBCA E1739-95、石油漏出サイトに適用されるリスクに基づく修復措置のための標準ガイド、2001
25) 一般社団法人土壌環境センター編：土壌汚染対策におけるリスク評価の適用性の検討（その1）、―欧米における利づく評価とその活用の実態―、2005
26) VROM：Circular on target values and intervention values for soil

remediation, Annex-A,2000
27) Federal Ministry for the Environment, Nature Conservation and Nuclear Safety (BMU), German Federal Government Soil Protection Report,2002
28) Federal Ministry for the Environment, Nature Conservation and Nuclear Safety (BMU), Federal Soil Protection Act (Bodenschutzgesetz, BBodSchG), 1998
29) Federal Ministry for the Environment, Nature Conservation and Nuclear Safety (BMU): Federal Soil Protection and Contaminated Sites Ordinance (BBodSch V), 1999
30) Department for Environment, Food and Rual Affairs and The Environment Agency, ASSESSMENT OF RISKS TO HUMAN HEALTH FRM LAND CNTAMINATION, AN OVERVIEW OF THE DEVELOPMENT OF SOIL GUIDELINE VALUES AND RELATED RESEARCH, 2002
31) Department for Environment, Food and Rural Affairs and the Environment Agency：The Contaminated Land Exposure Assessment (CLEA) Model：Technical Basis and Algoriyhms,2002
32) Department for Environment, Food and Rural Affairs and the Environment Agency, Potential Contaminants for the Assessment of Land, 2002
33) Department for Food and Rural Affairs and The Environment Agency：CONTAMINANTS IN SOIL: COLLATION OF TOXICO-LOGICAL DATA AND INTAKE VALUES FOR HUMANS ARSENIC, 2002
34) Department for Environment, Food and Rural Affairs and The Environment Agency, SOIL GUIDELINE VALUES FOR HUMANS, ARSENIC CNTAMINATION. 2002
35) 環境省 水・大気環境局 土壌環境課：土壌汚染対策法に基づく調査及び措置に関するガイドライン（改訂第 2 版)、2012
36) 一般社団法人全国地質調査業協会連合会、特定非営利活動法人地質情報整備活用機構、地盤環境技術研究センター：土壌汚染調査技術管理者試験対策（第 2 版)、オーム社、2011
37) 一般社団法人全国地質調査業協会連合会、協同組合地盤環境技術研究センター：土壌・地下水汚染対策の基本がわかる本、オーム

社、2012
38) 厚生労働省厚生科学審議会：水質基準値案の根拠資料について、2003
   http://www.mhlw.go.jp/topics/bukyoku/kenkou/suido/kijun/konkyo.html
39) 環境省土壌の含有量リスク評価検討会：土壌の直接摂取によるリスク評価等について、2001
40) 一般社団法人土壌環境センター：平成14年度自主事業報告書、RBCAによるサイトアセスメントの検討（その1）―土壌汚染による環境リスクの評価手法、2003
41) 一般社団法人土壌環境センター：RBCA リスクに基づく修復措置のための企画ガイド、インターリスク総研、2003
42) Groundwater Services, Inc.:RBCA Tool Kit for Chemical Releases Software Guidance Manual, 1998
43) Rikken M.G.J.et al.：Evaluation of model concepts on human exposure, RIVM report 711701022, 2001
44) E.Brand, P.F.Otte, J.P.A.Lijzen：CSOIL 2000, an exposure model for human risk assessment of soil contamination, RIVN report 7117 01054, 2007
45) Environment Agency：Fact Sheet N.FS-06,www.environmet agency.gov.uk,2002
46) Department for Environment, Food and Rural Affairs and The Environment Agency：THE CONTAMINATED LAND EXPOSURE ASSESSMENT（CLEA）MODERL,：TECHNICAL BASIS ALGO-RITHMS（R & D PPUBLICATION CLR !), 2002
47) Environment Agency：CLEA UK Handbook（Draft), 2005、
   www.environment-agency.gov.uk, 2005
48) 川辺能成、原淳子、駒井武：地圏環境評価システム GERAS の開発と土壌汚染問題への適用、地質ニュース 628 号，2006
49) 独立行政法人産業技術総合研究所：土壌・地下水汚染のリスクを評価するシステム「GERAS-3」を公開、2009
   http://www.aist.go.jp/aist_j/press_release/pr2009/pr20090930/pr2009093

  0.html、または、http://unit.aist.go.jp/georesenv/
50) 独立行政法人産業技術総合研究所地圏資源環境研究部門：地圏環境リスク評価システム GERAS の公開と配布について、
  https://unit.aist.go.jp/georesenv/result/topics/topics6.html
51) 環境省：平成 24 年度土壌汚染対策法の施行状況及び土壌汚染調査・対策事例等に関する調査結果について（お知らせ）、
  https://www.env.go.jp/press/17813.html
52) 中谷内一也：リスクのモノサシ、NHK BOOKS、2006

索　引

あ
安全・安心な社会　*119*
安全と安心の相関関係　*117*

い
閾値あり　*12*
閾値なし　*16*
一次現況リスク評価　*102*
一次評価　*102*

お
汚染土地報告書　*58*
汚染の除去　*70*
恐ろしさ因子　*116*

か
階層アプローチ　*39*
介入値　*47, 49*
外部境界　*10*
化学物質安全性データシート
　9, 101
化学物質の毒性　*9*
化学物質の有効利用　*2*
化学物質排出移動量届出制度
　9
確定的リスク　*3, 21*
確率的リスク　*4, 22*
過剰発がんリスク　*17*
下層土壌　*50*
カネミ油症事件　*2*
環境媒体　*77*

き
規制対象物質　*73*
吸入摂取　*11*
吸入暴露　*11*
吸入暴露量　*18*
許容年間汚染負荷量　*55*

く
区域の指定　*65*

け
経口摂取　*11, 19*
経口暴露　*11, 19*
形質変更時要届出地域　*66*
経皮吸収　*11*
現況リスク評価　*35, 102*
健康リスク　*4*
健康リスクの評価　*6*
検査値　*55*

こ
5 条調査　*65*

さ
最小毒性量　*13*
サイト特有の土壌スクリーニング値　*32*
サイトモデル　*77, 79*
3 条調査　*65*
参照用量　*14*
暫定的修復措置目標　*35, 37*
暫定土壌浄化法　*46*

し
指示措置　*70*
実質安全量　*16*
指定基準の設定　*66*
指定区域　*66*
シナリオ　*7*
シナリオの枠組　*7, 8*
市民菜園　*60*
種差　*15*
生涯平均1日摂取量　*20*
生涯平均暴露濃度　*19*
浄化目標値　*50, 51*
詳細モデル　*78, 79*
上層土壌　*50*
初期サイトアセスメント　*39*

す
スクリーニングモデル　*91*
スクリーニングレベルの設定　*43, 44*
スーパーファンド法　*29*

スロープ係数　*16*

せ
世界保健機関　*23*
摂取経路　*11*
摂取量　*5*
全国優先リスト　*30*
浅層土壌　*83*

そ
措置基準値　*58*
措置効果の維持管理　*112*
措置値　*55*
措置方法　*71, 72*
措置方法の種類　*110*
措置方法の選択　*38*
措置方法の選定　*38, 110*
措置目標　*37, 44*
措置目標レベル　*43, 107*

た
耐容1日摂取量　*6, 13, 68*

ち
地下水摂取等リスク　*67, 70, 71*
地圏環境リスク評価システム　*91, 106*
直接摂取リスク　*67, 72*

と
毒性　*5*
毒性評価　*12, 37*
特定有害物質　*63*

毒物及び劇物取締法　*3*
土壌汚染対策法　*62, 63*
土壌汚染の定義　*73*
土壌ガイドライン値　*59, 60*
土壌含有量基準の設定　*68*
土壌スクリーニング値　*32*
土壌保全法　*47*
土壌溶出量基準の設定　*67*

な
内部境界　*10*

に
二次現況リスク評価　*104*
二次評価　*104*

は
媒体濃度　*18*
暴露　*9*
暴露管理　*70*
暴露経路　*10*
暴露経路遮断　*70*
暴露シナリオ　*7*
暴露評価　*17, 37*
暴露評価モデル　*60, 77*
暴露評価モデルの比較　*94*
暴露マージン　*3*
暴露量　*5*
ハザード　*3*
ハザード管理　*3, 24*
ハザード規制　*3*
ハザード比　*3, 21, 22*
発がんスロープ係数　*109*
発がんリスク　*17*

判断基準値　*58*
汎用土壌スクリーニング値　*32*

ひ
皮膚吸収　*11*
費用効果分析　*26*
表層土壌　*83*
費用便益分析　*27*

ふ
不確実性係数　*14*
不確実性係数積　*15*
分配地　*60*

へ
平均1日摂取量　*20*
平均暴露濃度　*18*
米国環境保護庁　*14*
米国材料試験協会　*30, 38*

ほ
包括的リスク評価　*78*
包括モデル　*77, 78*
ポリ塩化ビフェニル　*2*

み
未知性因子　*116*

む
無毒性量　*12*

め
メディア報道　*115*

も

目標値 48
目標ハザード比 22, 44
目標リスクレベル 102, 103

ゆ

有害性の基準値 6
有害性 5
ユニットリスク 17, 109

よ

要措置区域 66
用量－反応関係 12, 16
予防値 55
4条調査 65

ら

ラグス指針 29

り

リスク 4
リスク管理 24
リスクコミュニケーション 27
リスク削減対策 25
リスク情報 113
リスク認知 116
リスクの判定 7, 22, 23
リスク評価 37
リスク評価モデル 77, 81
リスクベースのスクリーニング値 107
リスクベースのスクリーニングレベル 40, 43, 44

リスクマネジメント 114
量依存性 12

れ

レベッカ指針 30, 38
連邦土壌保全法 53

A~Z

ASTM → 米国材料試験協会 30, 38
A値 47
B値 47
CERCLA → スーパーファンド法 29
CLEA → 暴露評価モデル 60
CLEAモデル 88
CLR → 汚染土地報告書 58
CSCS 100
CSOIL 47
CSOILモデル 85
C値 47
EPA → 米国環境保護庁 14, 30
Exposure Pathway 10
Exposure Route 10
GERAS → 地圏環境リスク評価システム 91, 106
GERAS-1 91
GERAS-2 92
GERAS-3 93
G-SSLs → 汎用土壌スクリーニング値 32
HQ → ハザード比 3, 22

索　引　　*131*

LOAEL → 最小毒性量　*13*
MSDS → 化学物質安全性データシート　*9, 101*
NOAEL → 無毒性量　*12*
NPL → 全国優先リスト　*30*
PCB → ポリ塩化ビフェニル　*2*
PRGs → 暫定的修復措置目標　*35, 37*
PRTR 制度 → 化学物質排出移動量届出制度　*9*
RAGS → スーパーファンドサイトのリスク評価指針　*29*
RAGS 指針　*29, 30*
RBCA → リスクに基づく修復措置　*30*
RBCA 指針　*30, 38*
RBSL → リスクベースのスクリーニングレベル　*40, 43, 44*
RfD → 参照用量　*14*
SF → スロープ係数　*16*
SGVs → 土壌ガイドライン値　*59, 60*
SSLs → 土壌スクリーニング値　*32*
SS-SSLs → サイト特有の土壌スクリーニング値　*32*
TDI → 耐容 1 日摂取量　*6, 13*
Tiered Approach → 階層アプローチ　*39*
UF → 不確実性係数　*14*

UFs → 不確実係数積　*13, 15*
UR → ユニットリスク　*17*
VOLASOIL モデル　*87*
VSD → 実質安全量　*16*
WHO → 世界保健機関　*23*

著者略歴

木暮 敬二 (こぐれ けいじ)

防衛大学校 名誉教授　工学博士（京都大学）

1939年1月 群馬県生まれ。1962年3月 防衛大学校 土木工学専攻 卒業。1966年3月 京都大学大学院 工学研究科 修士課程（土木工学専攻）修了。1969年3月 同 博士課程（土木工学専攻）満期退学。1969年4月 防衛庁 技術研究本部 第4研究所。1973年3月 防衛大学校 講師（土木工学教室）。1975年4月 同 助教授。1980年4月 同 教授。2004年3月 防衛大学校 定年退職。NPO法人ジオクリーン・オーガナイゼーション 理事長（2004年～2010年）。協同組合地盤環境技術研究センター 理事長（2004年～2013年）。NPO法人地質情報整備活用機構 理事（2014年～）

主な著書：『放射能除染と廃棄物処理』（技報堂出版）2013年、『地盤環境の汚染と浄化修復システム』（技報堂出版）2004年、『法に基づく土壌汚染の管理技術』（技報堂出版）2000年、『高有機質土の地盤工学』（東洋書店）1996年

これからの土壌汚染対策のあり方

2015年8月10日　第1刷発行

著　者　　木暮 敬二

発行者　　坪内 文生

発行所　　鹿島出版会
　　　　　104-0028　東京都中央区八重洲2丁目5番14号
　　　　　Tel. 03(6202)5200　振替 00160-2-180883

落丁・乱丁本はお取替えいたします。
本書の無断複製(コピー)は著作権法上での例外を除き禁じられています。また、代行業者等に依頼してスキャンやデジタル化することは、たとえ個人や家庭内の利用を目的とする場合でも著作権法違反です。

装幀：石原 亮　　DTP：編集室ポルカ　　印刷・製本：三美印刷
© Keiji KOGURE 2015, Printed in Japan
ISBN 978-4-306-02473-1　C3052

本書の内容に関するご意見・ご感想は下記までお寄せください。
　　URL：http://www.kajima-publishing.co.jp
　　E-mail：info@kajima-publishing.co.jp